高等职业教育土木建筑类专业教材

建筑认知实务

主　编　王劭琨
副主编　王恩波
主　审　武　强

北京理工大学出版社
BEIJING INSTITUTE OF TECHNOLOGY PRESS

内 容 提 要

本书结合现阶段高职高专院校建筑认知实务的教学要求，将实务内容项目化，对重点知识进行梳理，并增加大量图片辅助教学，注重理论联系实际，突出实务特点。全书共分为11个项目，包括建筑认知实务动员、建筑的分类及楼梯的组成与分类、房屋构造总体认识、门窗及变形缝、大空间结构、建筑防火、建筑施工技术、工业建筑、园林及古建筑、建筑外部总体、建筑认知实务总结。

本书可作为高职高专院校土建类相关专业的教材，也可作为工程建设管理人员的参考用书。

版权专有　侵权必究

图书在版编目(CIP)数据

建筑认知实务 / 王劭琨主编. —北京：北京理工大学出版社，2016.8（2021.12重印）
ISBN 978-7-5682-2674-5

Ⅰ.①建… Ⅱ.①王… Ⅲ.①建筑学 Ⅳ.①TU-0

中国版本图书馆CIP数据核字(2016)第173146号

出版发行 /	北京理工大学出版社有限责任公司
社　　址 /	北京市海淀区中关村南大街5号
邮　　编 /	100081
电　　话 /	（010）68914775（总编室）
	（010）82562903（教材售后服务热线）
	（010）68944723（其他图书服务热线）
网　　址 /	http://www.bitpress.com.cn
经　　销 /	全国各地新华书店
印　　刷 /	北京紫瑞利印刷有限公司
开　　本 /	787毫米×1092毫米　1/16
印　　张 /	6.5
字　　数 /	115千字
版　　次 /	2016年8月第1版　2021年12月第4次印刷
定　　价 /	29.00元

责任编辑 / 钟　博
文案编辑 / 钟　博
责任校对 / 周瑞红
责任印制 / 边心超

图书出现印装质量问题，请拨打售后服务热线，本社负责调换

前　言

建筑认知实务是建筑工程专业学生的核心实务课程。实务作为高等院校学生学习技能的重要组成部分，在教学中所起的作用极大，实务教学的执行程度大大影响了学生的学习效果。

在新形势的要求下，编写本教材，旨在让学生能够更好地掌握建筑工程的理论与实践，为学生将来更好地进行工程现场管理工作打好基础。

本教材注重理论与实践一体化教学，具有以下特点：

（1）项目化教学。将整个实务任务按项目进行划分，根据每个项目的重要程度及知识点的多少来分配实务课。

（2）知识点盘点。进行实务知识点的梳理，更有利于学生预习和复习每个项目所要掌握的知识。

（3）图文并茂。对于重要的知识点，配有相关图片，能够使学生对知识掌握得更加牢固。

（4）问题具有针对性。针对大多数知识点，设置符合高职高专院校学生认知实务的问题，能使学生在学习的过程中通过回答问题较好地掌握所学知识。

（5）项目涵盖面较广。本教材所涉及的项目既包括建筑总体认知、细部认知、建筑施工、建筑材料等常规问题，还包括建筑防火、风景园林等知识。

本教材由陕西工业职业技术学院王劲琨担任主编并进行全书的统稿工作，王恩波担任副主编。具体编写分工为：项目1、项目3、项目4、项目7、项目10及项目11由王劲琨编写；项目2、项目5、项目6、项目8、项目9由王恩波编写。本书由陕西工业职业技术学院武强主审。

本书在编写过程中得到陕西工业职业技术学院土木工程系各位领导和教师的大力帮助，在此表示衷心的感谢。

由于编者水平有限，书中难免存在不足之处，恳请广大读者批评指正。

编　者

目 录

项目1 建筑认知实务动员 ………………………………… 1
    1.1 认知实务的目的及意义 ………………………… 2
    1.2 实务目标 ……………………………………… 2
    1.3 实务组织 ……………………………………… 3
    1.4 实务纪律 ……………………………………… 3
    1.5 成绩评定 ……………………………………… 4

项目2 建筑分类及楼梯 ………………………………… 5
    2.1 建筑的分类 …………………………………… 6
    2.2 楼梯的组成 …………………………………… 9
    2.3 楼梯的分类 …………………………………… 10

项目3 房屋构造总体认识 ……………………………… 15
    3.1 民用建筑构造 ………………………………… 16
    3.2 工业建筑构造 ………………………………… 25

项目4 门窗及变形缝 …………………………………… 27
    4.1 门窗 …………………………………………… 28
    4.2 变形缝 ………………………………………… 30
    4.3 后浇带 ………………………………………… 31
    4.4 施工缝 ………………………………………… 32
    4.5 建筑平面交通设计 …………………………… 32
    4.6 建筑平面组合形式 …………………………… 33
    4.7 外墙保温 ……………………………………… 35

项目5 大空间结构 ……………………………………… 37
    5.1 空间平面设计 ………………………………… 38
    5.2 空间剖面设计 ………………………………… 39
    5.3 吸声、隔声处理 ……………………………… 41

项目6	建筑防火	43
6.1	建筑起火三要素	44
6.2	防火等级	44
6.3	防火距离、防火分区、安全疏散	45
6.4	防火构造	46
6.5	灭火装置	47

项目7	建筑施工技术	49
7.1	基础工程	50
7.2	脚手架工程	52
7.3	砌筑工程	54
7.4	模板工程	58
7.5	钢筋工程	59
7.6	混凝土工程	61
7.7	屋面防水工程	63
7.8	剪力墙	65

项目8	工业建筑	66
8.1	工业建筑的分类	67
8.2	定位轴线及柱网	68
8.3	厂房构造	70

项目9	园林及古建筑	73
9.1	园林	74
9.2	古建筑	76

项目10	建筑外部总体	81
10.1	室外台阶与坡道	82
10.2	建筑立面装饰	83
10.3	室外地面装饰	88
10.4	排水	90
10.5	阳台与雨篷	92
10.6	建筑物距离	93

项目11	建筑认知实务总结	95

参考文献	96

项目1　建筑认知实务动员

项目载体	建筑认知实务动员	学时	2
		地点	校内教室
项目描述	明确实务计划，安排实务日程，要求实务纪律，确定实务任务，进行实务动员。		
序号	任务及问题		
1	指导教师做实务动员		
2	发放建筑认知实务任务书		
3	确定实务分组，确定小组组长		
4	明确实务任务		
5	安排实务日程		
6	要求实务纪律，发放实务器材（卷尺、红外线测距仪）		
7	说明任务书填写要求		
8	说明实务成绩评定细则		

1.1 认知实务的目的及意义

认知实务是建筑类专业实现培养目标要求的重要实践环节，是学生对所学的建筑理论知识进行深化、拓展、综合训练的重要阶段。

土建类专业必须更好地培养高素质、高技能的应用型人才，而素质和技能的培养仅依靠课堂理论教学是难以实现的，必须通过包括认知实务在内的各种实践教学环节，让学生置身于实际工程之中，才能取得更好的效果。

认知实务这一实践性教学环节，有利于学生将书本所学的理论知识与实践相结合，并可拓展视野，提高发现问题、分析问题、解决问题的能力。通过实务，引导学生从建筑功能需求和实际情况出发，精心组织、优化设计，积累工程技术方面的具体知识，培养学生求真务实的工作作风，增强事业心和责任感，培养其独立工作的能力，增强学生的实践意识和创新意识。通过实务，培养学生吃苦耐劳、勤勤恳恳的工作态度及作风。

总之，通过建筑认知实务这样一个实践教学环节，使学生将学习到的建筑理论知识与实践有了更紧密的结合；同时，有利于学生改善学习态度和学习动机，有利于提高学生的全面素质和综合技能。

1.2 实务目标

本次认知实务是学生在学习建筑制图、建筑材料、房屋建筑学、施工技术、工程项目管理等专业课程知识的过程中或者学习之前的一次实践教学环节。其目的是通过参观典型既有建筑、参观建筑工地，使学生对所学知识有一个感性的认识，对本专业的概貌有一个系统全面的了解，增强学生学习本专业的兴趣。

实务目标：

（1）通过观看既有建筑的建筑施工视频及影像资料，使学生对建筑工程有一个宏观系统的全面了解。

（2）通过对建筑构造模型实务室的参观、学习、讲解，了解民用及工业建筑的基本构造形式及组成，了解建筑结构细节部位的构造组成。

（3）通过参观校内外的实际建筑，进一步提高学生对建筑文化、建筑知识以及建筑施工、建筑材料的认识，巩固和扩大所学理论知识，提高学习的积极性。

（4）通过参观在建工程及阅读施工图纸，进行现场比较，进一步培养学生的空间想象能力，提高识读工程图的能力。

（5）通过实务，了解建筑工程施工工艺，熟悉房屋构造，了解建筑材料的特性及应用。

（6）通过参观、学习，运用所学知识品评建筑的优缺点，提高自身的观察能力和欣赏水平，为后续的课程设计打下基础。

（7）通过工程现场的认知实务使学生对毕业后的工作环境、工作形式及工作流程有初步的了解和认知。

（8）通过实务，培养学生劳动的能力，小组协调组织、协同工作的能力，发扬理论联系实际的作风，为今后从事建筑生产技术服务、建筑工程管理等工作奠定基础。

1.3　实务组织

（1）每两名指导教师全程负责一个班级的组织、任务安排、实务讲解及实务周的日常管理。

（2）各班班长和学习委员协助指导教师负责本班实务周的组织纪律、学生安全及日常事务。

（3）每个班分为5~6个小组，每个小组10人左右，每个小组安排一名组长负责该小组实务周的组织纪律、学生安全及日常事务。

1.4　实务纪律

（1）遵守国家政策法令，遵守公共秩序，维护社会公德。

（2）服从安排，听从指挥，未经带队教师批准不得私自离队。

（3）实务期间严格遵守学校请假制度，无故缺席，实务成绩以零分计，不予补考。

（4）爱护实务场所的环境及设备，保护公共及个人财产，努力与实务单位及群众搞好关系。若损坏实务卷尺、钢尺、红外线测距仪，照价赔偿。

（5）注意安全，统一行动，听从指挥，不要随便进入工地现场或危险的地方，进入现场要佩戴安全帽，同学之间要相互关心，互相帮助。

（6）实务期间积极、认真地参加小组讨论，按时完成每天的实务任务及实务日记。

以上纪律要求同学们严格遵守，对违纪者将给予严肃处理，若造成不良后果，一切责任由当事者本人负责。

1.5 成绩评定

（1）学生成绩以实务报告为基准，分为五个等级：优秀、良好、中等、及格、不及格。

（2）从项目2至项目10，每个项目给出项目成绩，项目11进行综合评价给出总评成绩。

（3）不能按时完成实务报告者按不及格计；平时考勤缺勤30%者按不及格计。

项目2　建筑分类及楼梯

项目载体	校内学生宿舍楼至善1、至善2	学时	6
		地点	校内至善宿舍区
项目描述	通过现场参观、讲解，引导学生对照并分析各宿舍楼的不同和相同之处，将理论讲述与实物相对照，理解常见的建筑结构类型以及相应的建筑设计理论。		

序号	先导问题	解答
1	建筑按照使用性质、规模与数量、层数、高度、主体结构类型如何分类？	
2	不同结构类型的建筑，其主要的承载构件都有哪些？	
3	楼梯按照材料、所在位置、使用性质、形式、楼梯间形式如何分类？	
4	建筑物外部出口的数量以及位置取决于哪些因素？	

2.1　建筑的分类

2.1.1　按建筑功能（使用性质）分类

建筑按功能一般分为民用建筑、工业建筑和农业建筑。

> 至善1、至善2按使用性质分属于什么建筑？

_____
_____
_____

2.1.2　按建筑规模分类

（1）大量性建筑

大量性建筑主要是指量大面广、与人们生活密切相关的建筑，如住宅、学校、商店、医院、中小型办公楼等。

（2）大型性建筑

大型性建筑主要是指建筑规模大、耗资多、影响较大的建筑，与大量性建筑相比，其修建数量有限，但这些建筑在一个国家或一个地区具有代表性，对城市的面貌影响很大，如大型火车站、航空站、大型体育馆、博物馆、大会堂等。

> 至善1、至善2按规模分属于什么建筑？

_____
_____
_____

2.1.3　按建筑层数分类

1）低层建筑：指1~2层建筑。

2）多层建筑：指3~6层建筑。

3）中高层建筑：指7～9层建筑。

4）高层建筑：指10层以上建筑。

> 至善1、至善2按层数分属于什么建筑？
>
> _____
>
> _____
>
> _____

2.1.4 按建筑高度分类

1）普通建筑：是指建筑高度不超过24 m的民用建筑和建筑高度超过24 m的单层民用建筑。

2）高层建筑：是指建筑高度超过24 m的公共建筑（不包括高度超过24 m的单层主体建筑）。

3）超高层建筑：是指建筑高度超过100 m的民用建筑。

> 至善1、至善2按高度分属于什么建筑？
>
> _____
>
> _____
>
> _____

2.1.5 按承重结构材料分类

建筑的承重结构是指由水平承重构件和垂直承重构件组成的承重骨架。

1）砖木结构：是指由砖墙、木屋架组成承重结构的建筑。

2）砖混结构：是指由钢筋混凝土梁、楼板、屋面板作为水平承重构件，由砖墙（柱）作为垂直承重构件的结构，适用于多层以下的民用建筑。

3）钢筋混凝土结构：是指房屋的主要承重结构，如柱、梁、板、楼梯、屋盖用钢筋混凝土制作，墙用砖或其他材料填充。这种结构抗震性好，整体性强，抗腐蚀性耐火能力强，经久耐用。

4）钢结构：是指水平承重构件和垂直承重构件全部采用钢材的结构。钢结构具有自重轻、强度高的特点，但耐火能力差。大型公共建筑、工业建筑、大跨度和高层建筑经常采用这种结构形式。

> 至善1、至善2按承重结构材料如何分类？各自的承重构件都有哪些？

至善1

至善2

建筑名称	分类	承重构件
至善1		
至善2		

2.1.6 按承重结构形式分类

1) 砖墙承重结构：是指由砖墙体来承受由屋顶、楼板传来的荷载的建筑，称为砖墙承重受力建筑，如砖混结构的住宅、办公楼、宿舍。

2) 排架结构：采用柱和屋架构成的排架作为其承重骨架，外墙起围护作用，典型结构有单层厂房。

3) 框架结构：是指以柱、梁、板组成的空间结构体系作为骨架的建筑。

4) 剪力墙结构：剪力墙结构的楼板与墙体均为现浇或预制钢筋混凝土结构，多被用于高层住宅楼和公寓建筑。

5) 框架-剪力墙结构：在框架结构中设置部分剪力墙，使框架和剪力墙两者结合起来，共同抵抗水平荷载的空间结构。

6) 筒体结构：框架内单筒结构、单筒外移式框架外单筒结构、框架外筒结构、筒中筒结构和成组筒结构，多使用于超高层建筑。

7) 大跨度空间结构：该类建筑往往中间没有柱子，而是通过网架等空间结构把荷重传到建筑四周的墙、柱上去，如体育馆、游泳馆、大剧场等。

8）混合结构：是指同时具备上述两种或两种以上承重结构的结构，如建筑内部采用框架承重，四周采用外墙承重。

至善1、至善2按承重结构形式分各属于什么建筑？

建筑名称	至善1	至善2
分类		

画出至善1和至善2的承重构件简图，标出力的传递途径。

至善1

至善2

2.2 楼梯的组成

2.2.1 楼梯段

楼梯段是联系两个不同标高平台的倾斜构件，由若干个连续踏步组成，是楼梯主要承重和使用部分，又称为梯跑或梯段。为了适应人们的日常习惯和减轻上下楼梯时的疲劳，一个梯段上踏步数最多不超过18级，最少不少于3级。

> 至善1、至善2各楼梯每层有几个楼梯段？

_____

_____

_____

2.2.2 楼梯平台

楼梯平台是指两楼梯段之间的水平板，分为中间平台和楼层平台。中间平台是位于两层楼面之间的平台，主要是解决楼梯段转向问题，并使人们连续上楼时在平台上稍加休息，缓解疲劳，故又称为休息平台。楼层平台与楼层地面齐平，除了有休息平台的作用外，还有缓冲并分配从楼梯到达各楼层人流的功能。

2.2.3 栏杆（或栏板）

栏杆（或栏板）是楼梯段和平台的安全设施，一般设置在梯段和平台临空边缘，要求必须坚固可靠，并有足够的安全高度。栏杆或栏板上部供人倚扶的连续配件称为扶手。

2.3 楼梯的分类

2.3.1 按楼梯材料分类

楼梯按材料可分为钢筋混凝土楼梯、钢楼梯、木楼梯和组合楼梯等。

> 至善1、至善2的楼梯按材料分属于什么楼梯？

_____

_____

_____

2.3.2 按楼梯在建筑物中所处的位置分类

楼梯可根据位置分为室内楼梯和室外楼梯。

请大家分小组在10分钟内数清楚至善宿舍楼梯的数量。

建筑名称	室外楼梯数量	室内楼梯数量	楼梯总数
至善1			
至善2			

2.3.3 按楼梯间的平面形式分类

楼梯间按平面形式可分为开敞楼梯间（非封闭楼梯间）、封闭楼梯间和防烟楼梯间。

至善1、至善2的楼梯间按形式分类，在相应位置画对号。

建筑名称	开敞楼梯间	封闭楼梯间	防烟楼梯间
至善1			
至善2			

2.3.4 按楼梯的使用性质分类

楼梯按使用性质可分为主要楼梯、辅助楼梯、疏散楼梯和消防楼梯。

画出至善1、至善2的平面简图，标出每个楼梯的平面位置，并标出楼梯的使用性质。

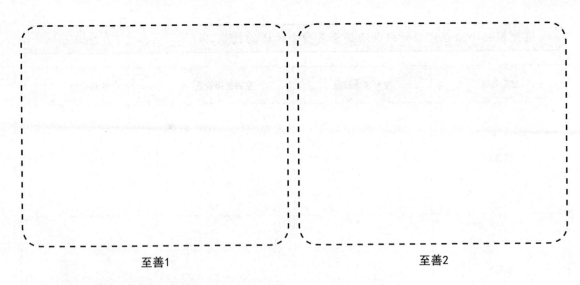

至善1　　　　　　　　　　　　　　至善2

2.3.5　按楼梯的平面形式分类

楼梯按平面形式可分为单跑直楼梯、双跑直楼梯、转角楼梯、三跑楼梯、双跑平行楼梯、双分平行楼梯、双合平行楼梯、弧形楼梯、螺旋楼梯等。

> 根据图片及现场观察指出至善2的楼梯按平面形式如何分类。

至善2

建筑名称	至善2
楼梯分类	

2.3.6 按楼梯的施工方法分类

钢筋混凝土楼梯按施工方法可分为现浇整体式和预制装配式两类。

根据图片及现场观察指出至善1、至善2的楼梯按施工方法如何分类。

至善1

至善2

建筑名称	至善1	至善2
楼梯分类		

1. 现浇钢筋混凝土楼梯构造

现浇钢筋混凝土楼梯是指楼梯段、楼梯平台等整体浇筑在一起的楼梯。

现浇钢筋混凝土楼梯根据楼梯段的传力特点不同,分为板式楼梯和梁板式楼梯两种。

（1）板式楼梯

板式楼梯是把楼梯段看作一块斜放的板,楼梯板分为有平台梁和无平台梁两种情况。板式楼梯的传力过程为：

楼梯段→平台梁→楼梯间墙

板式楼梯段地面平整光滑,外形简单,施工方便,但耗材多。当楼梯段跨度较大、荷载较大时,板的厚度将增大,混凝土和钢筋用量增多,不经济。因此,其适用于楼梯段水平投影的长度小于3.0 m的情况时,如住宅、宿舍等。

（2）梁板式楼梯

当楼梯荷载较大或梯段跨度较大时,采用板式楼梯往往不经济,须在楼梯段两侧加设斜梁（简称梯梁）,以承受板的荷载,并将荷载传给平台梁。梁板式楼梯的传力过程为：

踏步板→斜梁→平台梁→楼梯间墙

根据图片及现场观察指出至笃学楼A的楼梯属于哪种现浇混凝土楼梯。

梁板式楼梯的斜梁一般设两根，位于踏步板两侧的下部时，踏步外露，称为正梁式梯段或明步梯段；斜梁位于踏步板两侧的上部时，踏步被斜梁包在里面，称为反梁式梯段或暗步梯段。明步梯段在结构布置上有双梁布置和单梁布置之分。板下面的斜梁可布置在一侧、中间（单梁式）或两侧（双梁式）。

根据图片及现场观察指出至善1的楼梯属于明步还是暗步。

项目3　房屋构造总体认识

项目载体	校内建筑模型实务室	学时	6
		地点	崇文南楼A301
项目描述	通过建筑模型实务室参观、讲解，引导学生分析、了解民用建筑及工业建筑的构造组成，了解常见建筑结构部位的细部构造。		

序号	先导问题	解答
1	民用建筑从下到上通常分为哪六个部分？	
2	工业建筑一般由哪些构件组成？（最少写出10种）	
3	基础与地基有哪些区别？	
4	建筑环保节能的内容有哪些？	

3.1 民用建筑构造

3.1.1 民用建筑的组成

一栋民用建筑，一般由基础、墙或柱、楼地层、楼梯、屋顶、门窗等六大部分组成。

3.1.2 基础

基础是房屋底部与地基接触的承重构件，它承受房屋的上部荷载，并把这些荷载传给地基，因此，基础必须坚固稳定，安全可靠。

1．基础的埋深

基础埋置深度是指设计室外地坪到基础底面的垂直距离。基础的最小埋置深度不能小于500 mm。对埋深小于5 m的基础称为浅基础，对埋深大于等于5 m的基础称为深基础。

2．基础的分类

（1）按材料和受力特点分类

1）刚性基础。由刚性材料制作的基础称为刚性基础。刚性材料一般是指抗压强度高，抗拉、抗剪强度较低的材料，例如，砖、石、混凝土等均属于刚性材料。因此，砖基础、石基础、混凝土基础都被称为刚性基础。

刚性基础受刚性角的限制，所以可以说受刚性角限制的基础就是刚性基础，其主要用于建筑物荷载较小、地基承载力较好、压缩性较小的地基上。

2）柔性基础。在混凝土底部配以钢筋，利用钢筋来承受拉应力，使基础底部能够承受较大的弯矩，这时，基础宽度的加大不受刚性角的限制，故称钢筋混凝土基础为非刚性基础或柔性基础。

> 下面几种基础中，哪种是柔性基础？为什么？
> _____
> _____
> _____
> _____

（2）按构造形式分类

1）墙下条形基础。当建筑物上部结构采用墙承重时，基础沿墙身设置，多做成长条形，这种基础称为条形基础或带形基础。

2）独立基础。当建筑物上部结构采用框架结构或单层排架结构承重时，基础常采用方形或矩形的单独基础，这种基础称为独立基础或柱式基础。

3）柱下条形基础和井格式基础。当地基条件较差时，为了提高建筑物的整体性，防止柱子之间产生不均匀沉降，常将柱下基础沿纵、横两个方向（或单方向）扩展连接起来，做成十字交叉的井格式基础或柱下条形基础。

4）片筏式基础。由于建筑物上部荷载大，而地基又较弱，这时采用简单的条形基础或井格式基础已不能适应地基变形的需要，通常将墙或柱下基础连成一片，使建筑物的荷载承受在一块整板上，这种基础称为片筏式基础。片筏式基础有平板式和梁板式之分。

5）箱形基础。当板式基础做到很深时，常将基础改做箱形基础。箱形基础是由钢筋混凝土底板、顶板和若干纵、横隔墙组成的整体结构，基础的中空部分可作地下室。其主要特点是刚度大，能调整其底部的压力，常用于高层建筑。

6）桩基础。当建筑物上部荷载较大，而且地基的软弱土层较厚，天然地基承载能力不能满足要求，做成其他人工地基又不具备条件或不经济时，可采用桩基础。

桩基础的类型很多，根据材料不同有木桩、钢筋混凝土桩和钢桩；根据受力性能不同有端承桩和摩擦桩；根据施工方法不同有预制桩、灌注桩和爆扩桩；根据断面形式不同有圆形、方形、环形、六角形及工字形桩等。

| 判断下面几种基础模型的构造形式、适用条件和埋置深浅。|

A. _____（深、浅）
B. _____（深、浅）
C. _____（深、浅）
D. _____（深、浅）
E. _____（深、浅）
F. _____（深、浅）

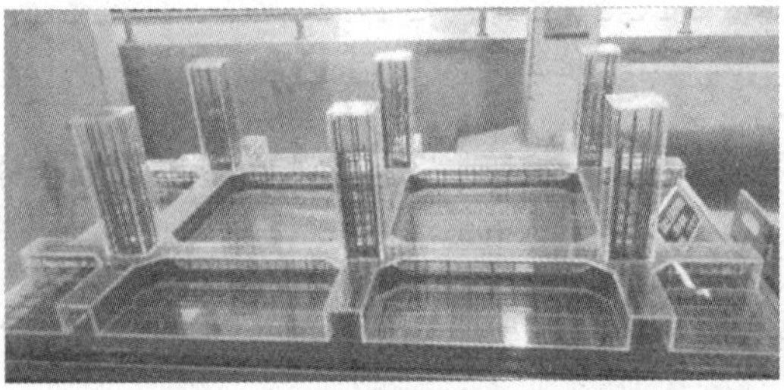

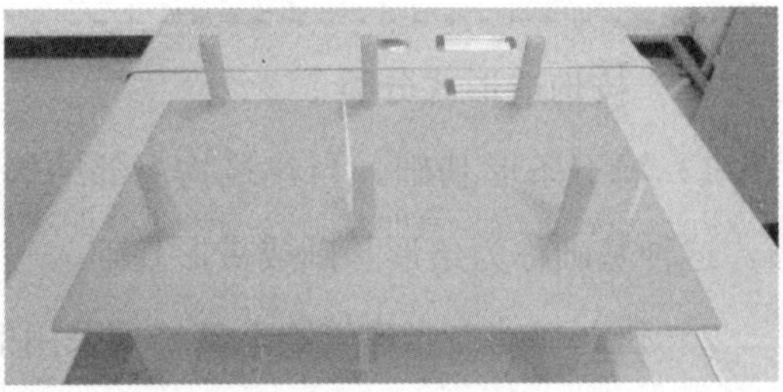

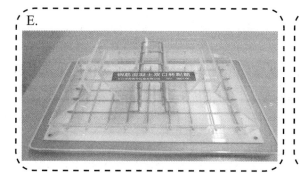

E.

F.

3.1.3 墙体

1．墙体的类型

（1）按所在位置分类

根据墙体在平面上所处位置的不同，有内墙和外墙之分。凡沿建筑物短轴方向布置的墙称为横墙，横向外墙称为山墙；沿建筑物长轴方向布置的墙称为纵墙。在一面墙上，窗与窗或窗与门之间的墙称为窗间墙，窗洞下部的墙称为窗下墙又称窗肚墙，外墙凸出屋顶的部分称为女儿墙。

（2）按受力状况分类

墙体按受力情况不同，分为承重墙和非承重墙。

（3）按墙体构造分类

墙体按构造与施工方式的不同，可分为叠砌式墙、板筑墙和装配式板材墙等几种。

在下图模型的相应位置标注出墙体的名称。

2. 墙体结构布置方案

（1）横墙承重

横墙承重是指以横墙作为垂直承重结构，纵墙只起到纵向稳定和拉结的作用。其主要特点是横墙距离密，建筑物的整体性好，横向刚度大，对抵抗地震力等水平荷载有利。

（2）纵墙承重

纵墙承重是指以纵墙作为垂直承重结构，横墙只起到分隔水平空间的作用，有的起横向稳定作用。

（3）纵、横墙（混合）承重

纵、横墙（混合）承重是指由纵向墙和横向墙共同承受垂直荷载的结构承重方案。

（4）部分框架承重

部分框架承重是指采用墙体和钢筋混凝土梁、柱组成的框架共同承受楼板和屋顶的荷载。

> 简述以下四种墙体结构布置方案的特点。

A．横墙承重：_____

B．纵墙承重：_____

C．混合承重：_____

D．部分框架承重：_____

3. 砖墙的组砌形式

砖墙的组砌形式可分为下列几种：全顺式、一顺一丁式、多顺一丁式、十字式、全丁式。

> 判断下列模型砖墙的组砌形式。

A．_____

B．_____

C. _____

D. _____

3.1.4 楼地层

楼地层包括首层的地坪层和各楼层的楼面层，是起到分隔建筑空间的水平构件，同时，楼板层用来承受人、家具、设备等使用荷载，并将这些荷载连同自重通过墙或柱传给基础。楼地层还能减少风或地震等产生的水平荷载对建筑物的影响。

1. 地层

地层又称地坪，一般由基层、垫层和面层组成，有时也有附加层。

基层一般为土壤层，是地层的承重层；垫层是地层的结构层，一般起传递荷载和找平的作用；面层又称地面，起着保护垫层、防水、防潮和室内装饰的作用。

2. 楼层

（1）楼层的构造

楼层一般由面层、结构层、附加层和顶棚层等组成。

1）面层。面层位于楼板层的最上层，起着保护楼板层、分布荷载和绝缘的作用，同时，对室内起美化装饰的作用。

2）结构层。结构层位于面层和顶棚层之间，是楼板层承重部分，一般包括板、梁等构件。结构层承受整个楼板层的全部荷载，并对楼板层的隔声、防火等起主要作用。

3）附加层。附加层通常设置在面层和结构层之间，或结构层和顶棚之间，主要有管线敷设层、隔声层、防水层、保温层和隔热层等。

4）顶棚层。顶棚层是楼板层下表面的构造层，也是室内空间上部的装修层，又称天花板或天棚。顶棚层的主要功能是保护楼板、装饰室内或满足室内的特殊使用要求。

按由下到上的顺序标注出下图楼地层模型的构造。

1. _____   1. _____

2. _____   2. _____

3. _____   3. _____

4. _____   4. _____

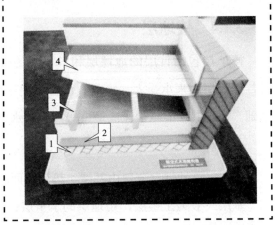

2. 现浇钢筋混凝土楼板

1）板式楼板。将楼板现浇成一块平板，并直接支撑在墙上，这种楼板称为板式楼板。板式楼板按受力特点和支撑情况分为单向板（$l_2/l_1>2$）和双向板（$l_2/l_1 \leqslant 2$）。

2）梁板式楼板。当房间跨度较大时，应采取措施控制板的跨度，通常在板下设梁来增加板的支点，从而减小板跨，这种楼板又称为肋形楼板。

3）井式楼板。对平面尺寸较大且平面形状为方形或近于方形的房间或门厅，可将两个方向的梁等距离布置，并除边梁外其他采用相同的梁高，形成井字形梁。

4）无梁楼板。对平面尺寸较大的房间或门厅，也可不设梁，直接将板支撑于柱上，这种楼板称为无梁楼板，若荷载较大则应在柱顶设置柱帽。

5）压型钢板混凝土组合楼板。利用凹凸相间的压型薄钢板作衬板，与现浇混凝土浇筑在一起支撑在钢梁上构成整体型楼板，这种楼板又称为钢衬板组合楼板。

判断下图模型及图片属于哪种楼板类型，并写出其荷载传递路线。

A. _____

B. _____

C. _____

D. _____

E. _____

荷载传递路线

A. _____
B. _____
C. _____
D. _____
E. _____

3.1.5 屋顶

屋顶是建筑最顶部的承重围护构件，又称屋盖，主要有以下作用：一是承重作用，主要承受作用于屋顶上的风荷载、雪荷载和屋顶自重等；二是围护作用，防御自然界的风、雨、雪、太阳辐射热和冬季低温等影响；三是装饰、美观作用。

1. 屋顶的类型

按外观形式划分，屋顶类型主要有平屋顶、坡屋顶和曲面屋顶三类。

（1）平屋顶通常是指排水坡度小于5%的屋顶，常用坡度为2%～3%，上人屋面坡度常为1%～2%。

（2）坡屋顶通常是指屋面坡度大于10%的屋顶。

（3）曲面屋顶是指由各种薄壁壳体或悬索结构、网架结构等作为屋顶承重结构的屋顶。

> 判断下图模型及图片分别属于哪种屋面形式。

A. _____

B. _____

C. _____

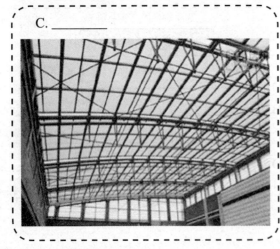

D. _____

2. 平屋顶的构造

由于建筑功能要求不同、地区间存在差异，平屋顶的构造层次也有所不同，一般包括结构层、防水层、保温层、隔热层、隔气层、隔离层、找坡层、找平层、结合层、保护层等辅助构造层次。

> 标注出下图模型中屋顶各层构造的名称。
>
> 1. _____ 2. _____
>
> 3. _____ 4. _____
>
>

3.1.6 楼梯

楼梯在项目2中已经介绍，在此不再赘述。

3.1.7 门窗

门窗将在项目4中介绍。

3.2 工业建筑构造

工业建筑构造一般包括基础、边列柱、中列柱、防风柱、牛腿、吊车梁、侧窗、外墙、屋架、连系梁、屋面、天窗等。

标注出下图中工业建筑各构造的名称。

_____
_____
_____
_____
_____
_____
_____

项目4　门窗及变形缝

项目载体	校内教学楼崇文南楼、崇文东楼	学时	6
		地点	崇文楼
项目描述	通过崇文楼的参观、讲解，引导学生学习门窗及变形缝，同时学习外墙保温及后浇带、施工缝的知识。		

序号	先导问题	解答
1	崇文南楼A、B、C区及崇文东楼按使用性质分类属于哪种类型？	
2	崇文南楼A、B、C区及崇文东楼按高度与层数分类属于哪种类型？	
3	崇文南楼A、B、C区及崇文东楼按承重结构类型分类属于哪种类型？	
4	崇文南楼A区共设置几部楼梯，每部楼梯的作用是什么？	

4.1 门窗

门窗是房屋的围护、分隔构件,不承重。其中,门的主要作用是交通出入、分隔、联系空间,带玻璃或亮子的门也兼采光、通风的作用;窗的主要作用是通风、采光及观望。

> 崇文东楼教室为什么设置前、后两个门?设置两个门的具体要求是什么?

_____

_____

_____

4.1.1 门窗的分类

1. 按材料分类

门窗按制造材料不同,可分为木门窗、钢门窗、铝合金门窗、塑料门窗及塑钢门窗等类型。

2. 按开启方式分类

(1)门按开启方式分类

门按开启方式不同,可分为平开门、弹簧门、推拉门、折叠门、转门、升降门和卷帘门等。

> 判断下面几种门的开启方式。

A. _____

B. _____

C. _____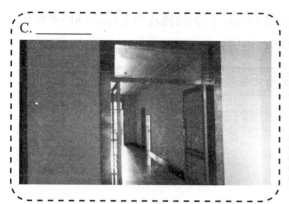

D. _____

（2）窗按开启方式分类

窗按开启方式不同，可分为平开窗、悬窗、立转窗、推拉窗、固定窗等。

判断下面几种窗的开启方式。

A. _____

B. _____

C. _____

D. _____

4.1.2　门窗框的施工

门窗框的安装方式分为立口法和塞口法两种。

立口法又称立樘子，是在砌墙前用支撑先立门框然后砌墙的连接构造，框与墙结合紧密，但施工不便。塞口法又称塞堂子，是在墙砌好后再安装门窗。采用塞口法时，洞口的宽度应比门框大20~30 mm，高度比门框大10~20 mm。门洞两侧砖墙上每隔500~600 mm预埋木砖或预留缺口，以便用圆钉或水泥砂浆将门框固定。

> 判断木门窗、塑钢门窗、铝合金门窗以及崇文东楼门窗的安装方式。

  A. 木门窗_____
  B. 塑钢门窗_____
  C. 铝合金门窗_____
  D. 崇文东楼门窗_____

4.2　变形缝

变形缝是指为了防止气温变化、不均匀沉降以及地震等因素对建筑物的使用和安全造成影响，设计时预先在变形敏感部位将建筑物断开，分成若干个相对独立的单元，且预留的缝隙能保证建筑物有足够的变形空间而设置的一种构造缝。

4.2.1　变形缝的分类

变形缝包括伸缩缝（温度缝）、沉降缝和防震缝。

1. 伸缩缝（温度缝）

建筑构件因温度和湿度等因素的变化会产生胀缩变形。为此，通常在建筑物适当的部位设置竖缝，自基础以上将房屋的墙体、楼板层、屋顶等构件断开，将建筑物分离成几个独立的部分。伸缩缝一般设置在长度或宽度较大的建筑物中。

2. 沉降缝

上部结构各部分之间，因层数差异较大或使用荷重相差较大，或因地基压缩性差异较大，总之，可能使地基发生不均匀沉降时，需要设缝将结构分为几部分，使其每一部分的沉降比较均匀，避免在结构中产生额外的应力，该缝即称之为"沉降缝"，沉降缝的设置需要在基础处断开。

3. 防震缝

设置防震缝是将大型建筑物分隔为较小的部分，形成相对独立的防震单元，避免因地震造成建筑物整体震动不协调而产生破坏。

4. 三缝合一

变形缝的设置无疑增加了建筑施工的复杂性，增加了建筑成本的投入。因此，在条件许可的情况下，应尽量不设置变形缝，或者进行多缝合一的设计。

4.2.2 变形缝的设置原则

1. **伸缩缝**

伸缩缝一般设置在长度或宽度较大的建筑物中。

2. **沉降缝**

1）建筑高度或荷载差异较大处；

2）地基的压缩性有显著差异的部位；

3）当建筑物的长高比过大时；

4）建筑结构或基础类型不同处；

5）在建筑物平面的转折部位；

6）在分期建造的房屋的交界处。

3. **防震缝**

1）建筑物平面长度和外伸长度超出规范的限值，又没有采取措施时；

2）建筑物各部分刚度相差悬殊，采用不同材料和不同结构体系时；

3）建筑物各部分质量相差很大时；

4）建筑物有较大错层时。

> 崇文楼都在哪些位置设置了变形缝？它们各属于哪种变形缝？

A. _____

B. _____

C. _____

4.3 后浇带

在高层建筑中常用混凝土后浇带施工代替变形缝，做法是：每隔30～40 m留置一道缝，宽0.8～1 m的缝隙暂时不浇筑混凝土，缝隙中的钢筋可采用搭接接头，在结构封顶两个月后，再浇筑混凝土，这有利于提高建筑物的整体性和刚度。

4.4 施工缝

施工缝是在混凝土浇筑过程中，因设计要求或施工需要分段浇筑，而在先、后浇筑的混凝土之间所形成的接缝。施工缝并不是一种真实存在的"缝"，它只是因先浇筑混凝土超过初凝时间，而与后浇筑的混凝土之间存在一个结合面，该结合面就称之为施工缝。

> 简述变形缝、施工缝、后浇带三者的区别。

_____
_____
_____
_____

4.5 建筑平面交通设计

4.5.1 走廊

1. 走廊的功能

走廊的主要功能是联系建筑物同一层内各使用的空间，但是在许多情况下，它还常常附带其他从属的功能。

> 分析下列几种建筑的走廊附带哪些从属功能。

A. 医院_____

B. 学校_____

C. 剧场、俱乐部_____

2. 走廊的布置方式

两边布置房间的走廊，叫作中间走廊，又称双内廊，这种走廊最经济；一边布置房间的走廊，叫作单面走廊，单面走廊又可做成封闭的和开敞的，开敞的叫作外廊，封闭的叫作单内廊。

> 崇文东楼的走廊属于哪种布置方式？崇文南楼B区走廊布置属于哪种布置方式？

A．崇文东楼＿＿＿＿＿＿＿＿＿＿＿＿

B．崇文南楼B区＿＿＿＿＿＿＿＿＿＿＿＿

4.5.2 门厅

门厅是公共建筑的主要出入口，其主要作用是接纳人流，疏导人流。在水平方向连接走道，在垂直方向与电梯、楼梯直接相连，是建筑物内部的主要交通枢纽。

门厅的形式从布局上可以分为对称式和非对称式两类。对称式布置强调的是轴线的方向感，常用于学校、办公楼等建筑；非对称式布置灵活多样，没有明显的轴线关系，常用于旅馆、医院、电影院等建筑。

> 崇文楼哪栋设置了门厅？其设置形式是什么？

＿＿
＿＿
＿＿
＿＿

4.6 建筑平面组合形式

建筑平面组合形式主要有以下几种。

4.6.1 走廊式组合

走廊式组合的特点是使用房间与水平交通联系部分明确分开，各房间沿走廊一侧或两侧并列布置，房间门直接开向走廊，通过走廊相互联系，各房间基本上不被交通穿越，能较好地保持相对独立性。根据房间与走廊的布置关系，走廊式又可分为内走廊与外走廊两种。

4.6.2 套间式组合

套间式组合是以穿套的方式将主要房间按一定序列组合起来，可分为串联式、放射式、大空间自由分隔式等几种类型。

套间式组合的特点是把水平交通联系部分寓于房间之内，房间之间联系紧密，具有较强的连贯性。

4.6.3 大厅式组合

大厅式组合以主体大厅为中心，周围穿插布置辅助房间。

大厅式组合具有主要房间突出、主从关系分明、主要房间与辅助房间联系紧密的特点。

4.6.4 单元式组合

单元式组合是将关系较密切的房间组合在一起，成为相对独立的单元，再将各单元按一定方式连接起来。

单元式组合的特点是规模小、平面紧凑、功能分明、布局整齐、外形统一，各单元之间互不干扰，且利于建筑的标准化和形式的多样化。

根据建筑平面组合形式的特点判断其各适用于什么建筑。

（1）走廊式_____

（2）套间式_____

（3）大厅式_____

（4）单元式_____

判断崇文南楼与崇文东楼的连接方式。

连接方式：_____

4.7 外墙保温

4.7.1 外墙外保温

外墙外保温是一种将保温隔热材料放在外墙外侧（即低温一侧）的复合墙体，具有较强的耐候性、防水性和防水蒸气渗透性，同时，具有绝热性能优越，能消除热桥，减少保温材料内部凝结水的可能性，便于室内装修等优点。但是，由于保温材料直接做在室外，需承受的自然因素，如风雨、冻晒、磨损与撞击等的影响较多，因而对此种墙体的构造处理要求很高。

4.7.2 外墙内保温

外墙内保温是在外墙结构的内部加做保温层。外墙内保温施工速度快，施工技术成熟。但是保温层做在墙体内部，减少了商品房的使用面积，并且影响居民的二次装修，室内墙壁上挂不上装饰画之类的重物，且内墙悬挂和固定物件很容易破坏内保温结构，而且容易产生内墙体发霉等现象，内保温结构会导致内、外墙出现两个温度场，形成温差，外墙面的热胀冷缩现象比内墙面变化大，这会给建筑物结构带来不稳定性，保温层易出现裂缝。

4.7.3 外墙夹心保温

在复合墙体保温形式中，为了避免蒸汽由室内高温一侧向室外低温侧渗透，在墙内形成凝结水，或为了避免受室外各种不利因素的袭击，常采用半砖或其他预制板材加以处理，使外墙形成夹心构件，即双层结构的外墙中间放置保温材料，或留出封闭的空气间层，由此形成外墙夹心保温。

> 根据三种保温做法的特点，判断哪种保温做法效果最好，哪种现在被采用得最多？并根据下图判断崇文东楼采用了哪种保温做法？

_____

_____

_____

_____

崇文东楼的保温做法：_____

项目5　大空间结构

项目载体	图书馆学术报告厅及明德堂	学时	6
		地点	校园
项目描述	通过现场参观、讲解，引导学生分析大型礼堂建筑的结构特点、内部设计要求、平面及剖面的设计形式，了解特殊使用要求的建筑设计及施工的一些特殊要求。		

序号	先导问题	解答
1	哪些类型的建筑空间对地面有特殊要求？	
2	一般对视线有特殊要求的空间，在剖面设计时对地板有什么要求？	
3	什么是视线升高值？什么是设计视点？	
4	对于礼堂、电影院等大空间建筑结构顶棚，在设计时有什么特殊要求？	
5	有隔声要求的建筑空间一般在哪些部位设置吸声材料？常用的吸声材料有哪些？	

5.1 空间平面设计

房间的平面形状有矩形、方形、多边形、扇形及圆形，大多数民用建筑采用矩形平面，具有视听要求的空间往往采用非矩形平面。

通过实地考察，明德堂与图书馆报告厅是哪种平面形状？

建筑名称	明德堂	图书馆报告厅
平面形状		

学校内还有哪些建筑采用的是非矩形平面？指明其是何种平面形状。

建筑名称	崇文西楼	图书馆		
平面形状				

试画出图书馆报告厅的平面形状示意图。

5.2 空间剖面设计

房间的剖面形状分为矩形和非矩形,大多数民用建筑采用矩形剖面,非矩形剖面常用于有特殊功能要求的房间。

5.2.1 地板

对视线有要求的房间,地面应有一定的坡度,以保证视线没有遮挡。坡度大于1:6时,应做成台阶。

设计视点:是指按照设计要求所能看到的极限位置,如电影院的设计视点为银幕底边的中心点。

视线升高值C:是指为了后排人的视线通过前排人的头顶到达设计视点,前后排之间的高差。错位排列时取60 mm,对位排列时取120 mm。

错位排列:每两排升高一级,地面起坡小。

对位排列:逐层升高,地面起坡大。

上图为图书馆报告厅,其设计视点在哪个位置?

图书馆报告厅采用的是错位排列还是对位排列？

通过观察图书馆报告厅和实地考察，说明图书馆报告厅通道是坡道还是台阶。明德堂又如何？

_____
_____
_____
_____

5.2.2 顶棚

对视听有特殊要求的空间，房间的剖面形状对大厅的音质影响很大。为防止出现声音空白区、回声和声聚焦等现象，在设计时需要注意顶棚的形式。顶棚的形式有平顶棚、降低台口顶棚及波浪形顶棚。

上图是图书馆报告厅顶棚,其属于哪种顶棚形式?

试画出明德堂的剖面形状示意图。

5.3 吸声、隔声处理

对声音有特殊要求的空间,如礼堂、电影院、练琴房等,要考虑吸声、隔声的处理,吸声材料要与周围的传声介质的声特性阻抗匹配,使声音能无反射地进入吸声材料,并使入射声能绝大部分被吸收。

建筑上常用的吸声材料有泡沫塑料、脲醛泡沫塑料、工业毛毡、泡沫玻璃、玻璃棉、矿渣棉、沥青矿渣棉、水泥膨胀珍珠岩板、石膏砂浆(掺水泥和玻璃纤维)、水泥砂浆、砖(清水墙面)、软木板等,每一种吸声材料对其厚度、表现密度、各频率下的吸声系数及安装情况都有要求,应执行相应的规范。建筑上应用的吸声材料一定要考虑安装效果。

上图为图书馆报告厅的部分吸声材料，它属于哪种吸声材料？通过现场观察，说明明德堂采用的是哪种吸声材料。

_____
_____
_____
_____

项目6 建筑防火

项目载体	理实一体化大楼	课时	4
		地点	校内
项目描述	通过现场参观、讲解，引导学生掌握建筑中采用的防火措施，主要从火灾前的预防和火灾时的措施两个方面展开，要求学生掌握耐火等级划分、防火构造、防火分区、疏散设施及排烟、灭火设备等。		
序号	先导问题	解答	
1	我国按建筑常用结构类型的耐火能力，可将建筑划分为哪几个耐火等级？		
2	什么是防火距离？耐火等级不同，防火距离如何确定？		
3	建筑物为何要进行防火分区？防火分区时要用到哪些防火构造？		
4	建筑中常见的紧急疏散装置及构造有哪些？		
5	建筑中常见的灭火装置有哪些？		

6.1 建筑起火三要素

建筑起火必须具备以下三个要素：

1）可燃物：如木质材料、可燃装修、家具衣物、窗帘地毯及生产、储存的易燃易爆物品等。

2）着火源：如烟头、火柴、厨房和锅炉房用火、电气设备事故的火花以及雷击、地震灾害等，都能形成着火源。

3）助燃物：如氧及氯、溴等。

因此，在建筑防火设计中应对三者进行有效的控制。

> 尽可能全面地罗列出理实楼中的可燃物、着火源及助燃物。

可燃物：_____

着火源：_____

助燃物：_____

6.2 防火等级

我国按建筑常用结构类型的耐火能力，将建筑划分为四个耐火等级（高层建筑必须为一级或二级）。建筑的耐火能力取决于构件的耐火极限和燃烧性能，在不同耐火等级中对二者分别作了规定。构件的耐火极限主要是指构件从受火的作用起，到被破坏（如失去支承能力等）为止的这段时间（按小时计）。构件的材料根据燃烧性能的不同，有燃烧体（如木材等）、难燃烧体（如沥青混凝土、刨花板等）和非燃烧体（如砖、石、金属等）之分。

建筑物应根据其耐火等级来选定构件材料和构造方式。如一级耐火等级的承重墙、柱须为耐火极限3小时的非燃烧体（如用砖或混凝土做成180 mm厚的墙或300 mm×300 mm的柱），梁须为耐火极限2小时的非燃烧体，其钢筋保护层须厚30 mm以上。设计时须保证主体结构的耐火稳定性，以赢得足够的疏散时间，并使建筑物在火灾过后易于修复。隔墙和吊顶等应具有必要的耐火性能，内部装修和家具陈设应力求使用不燃或难燃材料，如采用经过防火处理的吊顶材料和地毯、窗帘等，以减少火灾发生和控制火势蔓延。

> 理实一体化大楼的耐火等级是多少?承重构件的材质是什么?属于燃烧体、难燃烧体还是非燃烧体?

_____
_____
_____
_____

6.3 防火距离、防火分区、安全疏散

6.3.1 防火距离

为防止火势通过辐射热等方式蔓延,建筑物之间应保持一定距离。建筑耐火等级越低,越易遭受火灾的蔓延,其防火距离应加大。一、二级耐火等级民用建筑物之间的防火距离不得小于6 m,它们同三、四级耐火等级民用建筑物的防火距离分别为7 m和9 m。高层建筑因火灾时疏散困难,云梯车需要较大的工作半径,所以,高层主体同一、二级耐火等级建筑物的防火距离不得小于13 m,同三、四级耐火等级建筑物的防火距离不得小于15 m和18 m。厂房内易燃物较多,防火距离应加大,如一、二级耐火等级厂房之间或它们和民用建筑物之间的防火距离不得小于10 m,三、四级耐火等级厂房和其他建筑物的防火距离不得小于12 m和14 m。生产或储存易燃易爆物品的厂房或库房,应远离建筑物。

6.3.2 防火分区

建筑中为阻止烟火蔓延必须进行防火分区,即采用防火墙等把建筑划为若干区域。一、二级耐火等级建筑的长度超过150 m要设防火墙,分区的最大允许面积为2 500 m^2;三、四级耐火等级建筑的上述指标分别为100 m、1 200 m^2和60 m、600 m^2。一、二级防火等级的高层建筑防火分区面积限制在1 000 m^2或1 500 m^2内,地下室则控制在500 m^2内。防火墙应为耐火极限3小时的非燃烧体,上面如有洞口应装设甲级防火门窗,各种管道均不宜穿过防火墙。不能设防火墙的可设防火卷帘,用水幕保护。

6.3.3 安全疏散

为减少火灾伤亡,建筑设计要考虑安全疏散。公共建筑的安全出口一般不能少于两

个，影剧院、体育馆等观众密集的场所，要经过计算设置更多的出口。楼层的安全出口为楼梯，开敞的楼梯间易导致烟火蔓延，妨碍疏散，封闭的楼梯间能阻挡烟气，利于疏散。防烟楼梯间因设有前室，更有利于疏散。高层建筑须设封闭的或防烟的楼梯间，楼梯间应布置成有两个疏散方向。超高层建筑应增设暂时安全区或避难层，还可设屋顶直升机场，从空中疏散。疏散通路上应设紧急照明灯、疏散方向指示灯和安全出口灯。

> 根据理实楼的标志（右下图）画出大楼防火分区、疏散通道及安全出口设置。

6.4 防火构造

6.4.1 防火墙

防火墙能在火灾初期和扑救火灾的过程中，将火灾有效地限制在一定空间内，阻断在防火墙一侧而不蔓延到另一侧。

6.4.2 防火门

为便于针对不同情况规定不同的防火要求，规定了防火门、防火窗的耐火极限和开启方式等要求。规定要求建筑中设置的防火门，应保证其防火和防烟性能并符合相应构件的耐火要求以及人员的疏散需要。设置防火门的部位，一般为疏散门或安全出口。防火门既是保持建筑防火分隔完整的主要部件之一，又是人员疏散经过疏散出口或安全出口时需要开启的门。因此，防火门的开启方式、方向等，均应满足紧急情况下人员迅速开启、快捷疏散的需要。

> 理实一体化大楼每层共有几个防火门？分别设置在什么位置？开启方向及方式如何？

_____

_____

_____

6.5　灭火装置

在大型公共建筑、高层建筑、地下建筑以及起火危险性大的厂房、库房内，通常设置自动报警装置和自动灭火装置。前者的探测器有感温、感烟和感光等多种类型；后者主要为自动喷水设备，不宜用水灭火的部位可采用二氧化碳、干粉或卤代烷等自动灭火设备。设有自动报警装置和自动灭火装置的建筑应设消防控制中心，对报警、疏散、灭火、排烟及防火门窗、消防电梯、紧急照明等进行控制和指挥。

通常建筑使用的是水灭火系统，一般分为室内消火栓灭火系统和自动喷水灭火系统。

6.5.1　室内消火栓灭火系统

室外消火栓灭火系统由室外消火栓、供水管网和消防水池组成消防车供水或直接接出消防水带及水枪进行灭火；室内消火栓由消火栓、水带和水枪三个主要部件组成。

6.5.2　自动喷水灭火系统

自动喷水灭火系统包括闭式系统、开式系统（雨淋系统）、水幕系统、自动喷水泡沫联用系统。

6.5.3　水灭火系统的其他设施

水灭火系统还包括消防水泵接合器、消防水箱、气压给水装置、消防水泵。

> 画出理实一体化大楼每层消防栓的布置位置。

指出下图中各元件的名称，并简述其作用。

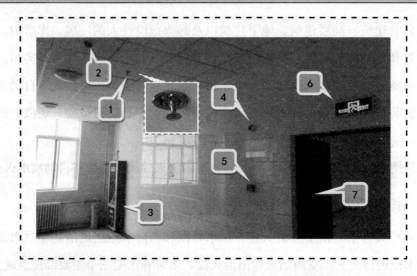

序号	名称	简述其作用
1		
2		
3		
4		
5		
6		
7		

项目7　建筑施工技术

项目载体	二层实体教学建筑	学时	6
		地点	建筑工程实务基地
项目描述	通过现场参观、讲解，引导学生学习建筑工程现场施工的特点，结合实体模型了解现代建筑施工的主要技术要求，了解现代建筑常用的建筑材料、常见的施工方法、常规的建筑机械、通常的管理模式等知识。		
序号	先导问题	解答	
1	建筑施工现场的三通一平指的是什么？		
2	常见的建筑材料都有哪些，分别用在建筑的哪些部位？		
3	常见的建筑机械都有哪些，作用是什么？		
4	常见的保证建筑施工安全的措施都有哪些？		

7.1 基础工程

7.1.1 独立基础

当建筑物上部结构采用框架结构或单层排架结构承重时，基础常采用方形或矩形的单独基础，这种基础称为独立基础或单独基础，独立基础是柱下基础的基本形式，按形式可分为阶形基础和坡形基础。

施工时，上部柱子钢筋应插入到基础底部。阶形基础有单阶也有多阶的，浇筑时应按台阶分层一次浇筑完成。坡形基础如斜坡较陡，斜面应支模浇筑，并应注意防止模板上浮。斜坡较平时可不支模，注意斜坡及边角部位混凝土的振捣密度。

> 分别注明下面两图独立基础的类型。

A. _____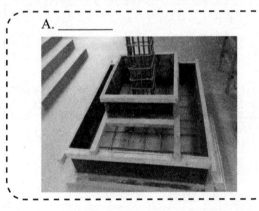

B. _____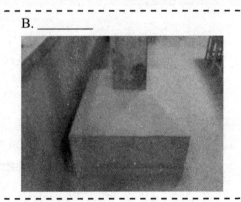

7.1.2 筏形基础

筏形基础是由整板式钢筋混凝土板（平板式）或钢筋混凝土底板、梁整体（梁板式）组成，适用于有地下室或地基承载能力较低而上部荷载较大的基础，筏形基础在外形和构造上如倒置的钢筋混凝土楼盖。

> 筏形基础适用于什么结构形式的建筑？

_____

_____

_____

7.1.3 条形基础

1. 砖基础

砖基础为无筋扩展基础，是刚性基础的一种形式，受刚性角限制。当建筑物上部结构采用墙承重时，基础沿墙身设置，多做成长条形，这种基础称为条形基础或带形基础。

2. 石料基础

在石料丰富的地区，可因地制宜地利用本地资源优势做成砌石基础。基础采用的石料分为毛石和料石两种，其中主要使用毛石作为墙下基础的形式。毛石分为乱毛石和平毛石，用水泥砂浆采用铺浆法砌筑，灰缝厚度为20～30 mm。毛石应分皮卧砌，上下错缝内外搭接，砌第一层石块时，基底要坐浆。

3. 大放脚

基础大放脚多见于砌体墙下条形基础，为了满足地基承载力的要求，把基础底面做得比墙身宽，呈阶梯形逐级加宽（从基础墙断面上看单边或两边阶梯形的放出部分），但同时也必须防止基础的冲切破坏，应满足高宽比的要求。因基础底面比墙身宽，而得名"基础大放脚"。

> 大放脚有等高式和不等高式两种，下图中大放脚为哪种类型？

4. 混凝土条基和井格基础

当地基条件较差，为了提高建筑物的整体性，防止柱子之间产生不均匀沉降，常将柱下基础沿纵、横两个方向（或单方向）扩展连接起来，做成十字交叉的井格基础或柱下条形基础。剪力墙下基础也需做成混凝土条形基础。

> 根据你的理解，条基配筋应该在底部还是顶部还是应该上下都配？

7.1.4 施工缝（后浇带）止水带

在具有防潮防水要求的混凝土施工缝或后浇带处，必须设置止水板，以防止水分从新旧混凝土接缝处渗出。止水带按材料分为橡胶止水带、塑料（PVC）止水带、钢板止水带和钢板橡胶止水带。

判断下图为哪种基础形式？并判断后浇带处止水带分别为什么材质？

基础形式：_____

止水带类型：_____

_____

_____

_____

_____

7.2 脚手架工程

7.2.1 落地式扣件式钢管脚手架

1．分类

（1）双排脚手架

双排脚手架是指由内、外两排立杆和纵、横水平杆构成的脚手架。

（2）单排脚手架

单排脚手架是指只有一排立杆，短横杆的一端搁置在墙体上的脚手架。

2．组成

（1）钢管

钢管包括立杆、大横杆、小横杆、剪刀撑、连墙杆、水平斜拉杆、纵向水平扫地杆和横向水平扫地杆。

（2）扣件

扣件是扣件式钢管与钢管之间的连接件，其基本形式有：直角扣件、旋转扣件、对接扣件。

（3）脚手板

脚手板是提供施工作业条件并承受和传递荷载给水平杆的板件。

（4）底座

底座设置在立杆下端，承受并传递立杆荷载给地基。

（5）安全网

安全网用于保证施工安全，减少灰尘、噪声、光污染。

> 判断下图为双排脚手架还是单排脚手架，并标注各组成的名称。

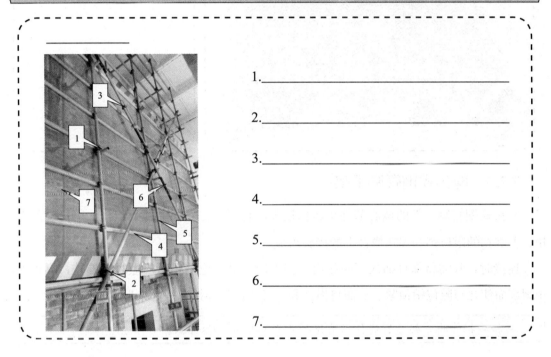

1._____
2._____
3._____
4._____
5._____
6._____
7._____

3．施工要点

1）立杆横距为1.0～1.5 m，纵距为1.2～2.0 m，每根立杆均应设置标准底座。

2）由标准底面向上200 mm处，必须设置纵、横向扫地杆，用直角扣件与立杆连接固定。

3）大横杆要设置水平，长度不应小于两跨，大横杆与立杆要用直角扣件扣紧，且不能隔步设置或遗漏。

4）剪刀撑使用搭接连接时搭接长度不少于1 m，用不少于两个的旋转扣件连接。

7.2.2　悬挑式脚手架

悬挑式脚手架利用建筑结构外边缘向外伸出的悬挑结构来支撑外脚手架，将脚手架的全部或部分荷载传递给建筑结构。悬挑式脚手架的关键是悬挑支撑结构，悬挑支撑结构必须有足够的强度、刚度和稳定性，并能将脚手架的荷载传递给建筑结构。

悬挑支撑结构主要有两大类：

1) 用型钢作为梁挑出，端头加钢丝绳斜拉，组成悬挑支撑结构。

2) 用型钢焊接的三角桁架作为悬挑支撑结构，悬出端的支撑杆件是三角斜撑压杆，又称下撑式。

> 判断下图中脚手架的悬挑支撑体系为哪种，并画出其受力简图。

简图

7.2.3 碗扣式钢管脚手架

碗扣式钢管脚手架的核心部件是碗扣接头，它由焊在立杆上的下碗扣、可滑动的上碗扣、上碗扣的限位销和焊在横杆上的接头组成。

连接时，只需将横杆插入下碗扣内，将上碗扣沿限位销扣下，顺时针旋转，靠近上碗扣螺旋面使之与限位销顶紧，从而将横杆和立杆牢固地连接在一起，形成框架结构。

> 碗扣式钢管脚手架是否能任意地选择步距和纵距？为什么？

_____

_____

_____

7.3 砌筑工程

7.3.1 砖墙砌筑

1. 砌筑方法

砖砌体的砌筑工艺为：抄平、放线、摆砖、立皮数杆、盘角及挂线、砌筑、勾缝与清理等。

砖的砌筑宜采用"三一"砌法。"三一"砌法又叫作大铲砌筑法,即一铲灰、一块砖、一挤揉,并随手将挤出的砂浆刮平。这种砌法的灰缝容易饱满,砖粘结力强,能保证砌筑质量。

除"三一"砌筑法外,还可采用铺浆法。当采用铺浆法砌筑时,铺浆长度不宜超过750 mm,宽度不宜超过500 mm,施工期间气温不宜超过30 ℃。

2. 砌筑材料

(1)砖

砌筑用砖分为实心砖和空心砖两种。普通砖的规格为240 mm×115 mm×53 mm,根据使用材料和制作方法的不同又可分为烧结普通砖、烧结多孔砖、烧结空心砖、蒸压灰砂空心砖、蒸压粉煤灰砖等。其中,普通砖、多孔砖均可作为承重墙的砌筑材料,空心砖不可作为承重墙的砌筑材料,可做成配筋砌体。

> 为什么普通砖的规格不设置为240 mm×120 mm×60 mm呢?
> _____
> _____
> _____
> _____

(2)砌块

砌块一般是指以混凝土或工业废料作为原料制成的实心或空心块材。它具有自重轻、机械化和工业化程度高、施工速度快、生产工艺和施工方法简单、可大量利用工业废料等优点。因此,用砌块代替烧结普通砖是墙体改革的重要途径。常用的砌块有普通混凝土小型空心砌块、轻集料混凝土小型空心砌块、蒸压加气混凝土砌块、粉煤灰砌块。

(3)砌筑砂浆

砂浆是由胶结材料、细集料及水组成的混合物。按照胶结材料的不同,砂浆可分为水泥砂浆、混合砂浆和石灰砂浆等。一般水泥砂浆用于潮湿环境和强度要求较高的砌体,石灰砂浆主要用于干燥环境中以及强度要求不高的砌体,混合砂浆主要用于地面以上强度要求较高的砌体。

3. 非承重墙顶砖斜砌

对于非承重墙,墙体与顶部梁底或板底的最上一皮砖采用顶砖斜砌的方法。

根据下图回答为什么非承重墙要采用顶砖斜砌的方法进行砌筑。

采用顶砖斜砌的方法进行砌筑的原因：_____
_____
_____
_____
_____

7.3.2 砖墙留槎

砖墙的转角处和交接处一般应同时砌筑，以保证墙体的整体性和砌体结构的抗震性能。如不能同时砌筑，应按规定留槎并做好接槎处理，通常应将留置的临时间断做成斜槎。在对抗震要求较低的地区，转角处外也可留成直槎，但必须做成凸槎，并加设拉结筋。

判断下面两个留槎图片分别为直槎还是斜槎。

A. _____

B. _____

7.3.3 构造柱

1. 马牙槎构造

为了保证建筑整体的稳定性和刚度，在长度较大或砖墙转角处需设置钢筋混凝土柱，称为构造柱。在构造柱与砖墙的连接处，砖墙砌筑成凹凸不平的构造与构造柱连接，称为马牙槎构造。

2．马牙槎施工

马牙槎构造施工时应先绑扎钢筋，然后砌柱侧砖墙，最后支模浇筑混凝土。墙与柱应沿高度方向每500 mm设2根ϕ6钢筋，每边伸入墙内不应小于1 m；每一个马牙槎沿高度方向的尺寸不应超过300 mm，马牙槎从每层柱脚开始，应先退后进。

> 根据下图，判断正常层高时马牙槎为几进几出，并说明拉结筋怎样与砖墙连接。

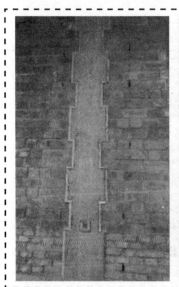

几进几出：_____

拉结筋与砖墙的连接：____

_____

_____

_____

_____

_____

7.3.4　门窗的过梁及圈梁

砖墙遇门窗洞口需要断开，洞顶不能直接用砖砌筑，必须设置门窗过梁。过梁按材料及形式，可分为平拱砖过梁、弧拱砖过梁、钢筋砖过梁及钢筋混凝土过梁。

现代建筑多使用钢筋混凝土过梁，过梁宽度一般同砖墙厚，其两端伸入墙内的支承长度不应小于240 mm。

> 判断下图的过梁为哪种过梁。

A._____

B._____

为了增加结构与砖墙的稳定性和刚度,需在建筑的每层结构上设置混凝土圈梁,其与构造柱必须连通,从地圈梁到女儿墙压顶需要完全连通形成框架。在门窗洞口高度较高处,可采用圈梁代替过梁,这称为"以圈代过"。

> 根据你的理解简述圈梁的施工顺序。

___

___

___

7.4　模板工程

7.4.1　模板的分类

模板按材料不同,可分为木模板、钢模板、胶合竹模板、钢木模板、塑料模板、胶合模板和预应力混凝土模板等;按形式不同,可分为整体式模板、定型模板、工具式模板、胎模板、滑升式模板等。

7.4.2　组合钢模板的施工

组合钢模板由平面模板、阴角模板、阳角模板和连接角模板组成。平面模板由面板、边框和纵、横肋组成。边框上有连接孔,长边与宽边框上的孔距相同,故长、宽边框都能拼接。组合钢模板的连接采用回形卡、U形卡或螺栓。

> 判断下图组合钢模板的类型。

A. _____

B. _____

C. _____

D. _____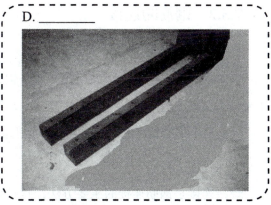

7.5 钢筋工程

7.5.1 钢筋的分类

建筑工程常用的普通钢筋按轧制外形，可分为光圆钢筋、带肋钢筋；按生产工艺，可分为热轧钢筋和冷加工钢筋；按化学成分，可分为碳素钢钢筋和普通低合金钢筋；碳素钢钢筋按含碳量的多少，又可以分为低碳钢（含碳量低于0.25%）、中碳钢（含碳量0.25%～0.7%）和高碳钢（含碳量大于0.7%）；按钢筋直径大小，可分为钢丝（直径3～5 mm）、细钢筋（直径6～10 mm）、中粗钢筋（直径12～20 mm）和粗钢筋（直径大于20 mm）。

> 判断建筑用钢筋按含碳量应选取的钢筋类型，并绘制其应力-应变曲线。

钢筋类型：_____

应力-应变曲线

7.5.2 钢筋的连接

1. 绑扎连接

纵向钢筋的绑扎连接是采用20～22号钢丝或镀锌钢丝,其中,22号钢丝只用于绑扎直径为12 mm以下的钢筋。钢筋绑扎连接时,用钢丝在搭接部分的中心和两端扎牢。钢筋搭接应满足最小搭接长度的要求,对受压钢筋的搭接长度不应小于200 mm。

2. 焊接连接

焊接连接是钢筋连接的主要方法,焊接可以改善钢筋结构的受力性能,节约钢材和提高工效。常用的焊接方法有闪光对焊、电弧焊、电阻点焊和电渣压力焊等。此外,还有预埋件钢筋和钢材的埋弧压力焊以及最近推广的钢筋气压焊。

3. 机械连接

机械连接是通过连接件的机械咬合作用或钢筋端面的承压作用,使两根钢筋能够传递力的连接方法。钢筋机械连接接头质量可靠,现场操作简单,施工速度快,无明火作业,不受气候影响,适应性强,而且可用于焊性较差的钢筋。

常用的机械连接接头有挤压套筒接头、锥螺纹套筒接头和直螺纹套筒接头。

> 判断下面几种钢筋的连接形式。

A. _____

B. _____

C. _____

7.6 混凝土工程

7.6.1 混凝土的浇筑

1. 混凝土的浇灌

浇灌混凝土时一定要避免混凝土产生离析现象，否则不易振捣密实，为此混凝土的自由倾倒高度一般不得超过2 m，若超过2 m 时，需要采取措施，可利用串筒或溜槽浇灌混凝土。如图7-1所示。

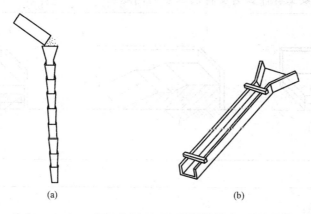

图7-1 混凝土的浇灌
（a）串筒；（b）溜槽

2. 混凝土的振捣

灌入模板内的混凝土是很疏松的，内部含有大量的空隙和气泡，这不仅会影响混凝土的强度，而且还会影响混凝土的抗冻性、抗渗性和耐久性。为此，混凝土在初凝前必须加以振捣，使其空隙减小、密实度增加。混凝土的振捣方法有人工振捣与机械振捣两种。

人工振捣是用铁锹或其他工具插捣混凝土，使混凝土密实成型的振捣方法。

机械振捣是使用能产生振动力的机械，将振动能量传给混凝土，从而使混凝土密实成型的振捣方法。混凝土振捣机械按其工作方式不同，可分为内部振动器（振捣棒）、表面振动器、外部振动器、振动台等。

判断下面几种建筑部件应该使用的振捣设备。

混凝土试块：_____

厚度较小的平板：_____

厚度较小的混凝土墙：_____

混凝土柱和梁：_____

3．大体积混凝土的浇筑

混凝土结构物实体最小几何尺寸不小于1 m，或预计会因混凝土中的胶凝材料水化引起的温度变化和收缩而导致有害裂缝产生的混凝土，称为大体积混凝土。

大体积混凝土浇筑可采用分层浇筑，既要分层振捣密实，又要必须保证上、下层之间的混凝土在初凝之前结合，避免形成施工缝。浇筑方案有全面分层、分段分层和斜面分层三种。

> 下面左、中、右三图分别为哪种大体积浇筑方案？判断建筑中哪些部位属于大体积混凝土。大体积混凝土有什么需要特别注意的问题？

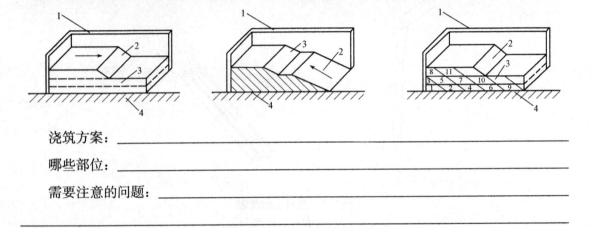

浇筑方案：_____

哪些部位：_____

需要注意的问题：_____

_____

7.6.2　混凝土的质量缺陷

在混凝土工程的施工中，混凝土构件会产生各种缺陷，必须及时修整，必要时还应补强。混凝土的质量缺陷主要有以下几种形式：麻面、漏筋、蜂窝、孔洞、裂缝、缝隙及夹层、缺棱掉角、混凝土强度不足等。

对于已出现的缺陷必须及时处理，对数量不多的小蜂窝、麻面、露筋、露石的混凝土表面，为了保护钢筋和混凝土不受侵蚀，可用水泥砂浆抹面修整；对蜂窝比较严重或露筋较深时，应去掉该处附近不密实的混凝土和凸出的集料颗粒，用清水洗刷干净并充分润湿后，再用比原强度等级高一级的细石混凝土填补并仔细捣实；对于影响结构承载力或防水、防渗性能的裂缝，为恢复结构的整体性和抗渗性，应根据裂缝的宽度、性质和施工条件等，采用水泥灌浆或化学灌浆的方法予以修补。

判断下图中混凝土墙体都有哪些质量缺陷。

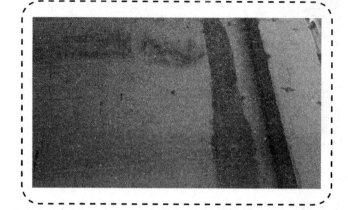

质量缺陷：_____
_____
_____
_____
_____
_____

7.7 屋面防水工程

7.7.1 防水材料

屋面防水工程常用的防水材料有防水卷材、防水涂料、建筑密封材料及防水剂等。防水卷材主要包括沥青防水卷材、高聚物改性沥青防水卷材以及合成高分子防水卷材等。

7.7.2 屋面防水的分类

屋面防水有柔性防水和刚性防水两种防水方式。

平屋面防水工程主要有卷材防水屋面、防水涂料屋面和结构自防水屋面；坡屋面防水一般使用砖瓦屋面，砖瓦屋面又可分为青瓦屋面和平瓦屋面两种。

判断下面几种防水方式是柔性防水还是刚性防水。

卷材防水：_____

涂料防水：_____

防水砂浆防水：_____

细石混凝土防水：_____

判断下面两图分别是青瓦屋面还是平瓦屋面。

7.7.3 卷材防水屋面的做法

卷材防水屋面可分为不保温卷材防水屋面和保温卷材防水屋面两种，保温卷材防水屋面根据保温层位置不同又分为正置式和倒置式两种。

1. 正置式

传统屋面构造做法，即正置式屋面，其构造一般为隔热保温层在防水层的下面，即屋面构造顺序由下向上依次为：结构层、找平层、隔气层、保温层、防水层以及保护层。

防水层卷材铺贴方法有：满贴法、条贴法、点贴法、空贴法以及热熔法。

2. 倒置式

倒置式屋面是指将憎水性保温材料设置在防水层上的屋面。其构造层次为结构层、找平层、防水层、保温层以及保护层。这种屋面对采用的保温材料有特殊的要求，应当使用吸湿性低，而气候性强的憎水材料作为保温层，并在保温层上加设钢筋混凝土、卵石、砖等较重的覆盖层。

> 判断下面两图分别是正置式防水屋面还是倒置式防水屋面。

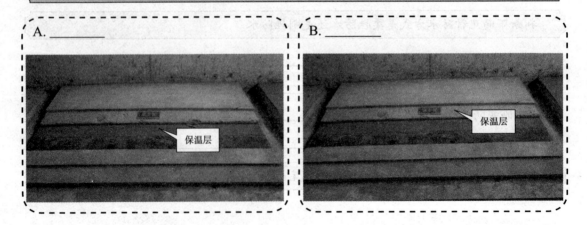

7.8 剪力墙

剪力墙又称抗风墙、抗震墙或结构墙。在房屋或构筑物中它是主要承受风荷载或地震作用引起的水平荷载和竖向荷载的墙体，防止结构遭到剪切破坏。

剪力墙分为平面剪力墙和筒体剪力墙。平面剪力墙用于钢筋混凝土框架结构、升板结构、无梁楼盖体系中。筒体剪力墙用于高层建筑、高耸结构和悬吊结构中，由电梯间、楼梯间、设备及辅助用房的间隔墙围成，筒壁均为现浇钢筋混凝土墙体，其刚度和强度较平面剪力墙大，可承受较大的水平荷载。

剪力墙可视为由剪力墙柱（如约束边缘端柱、构造边缘暗柱等）、剪力墙身、剪力墙梁（如暗梁、连梁等）三部分构成。

根据下面钢筋配置的图片判断暗梁和普通框架梁有什么区别。

区别：_____
_____
_____
_____
_____
_____

项目8　工业建筑

项目载体	行知C、机械加工中心、羽毛球馆	学时	4
		地点	校内
项目描述	通过现场参观、讲解，引导学生分析工业建筑的结构、体型及立面设计的特点，平面及剖面的组合形式，了解工业建筑的基本构造要求及施工特点。		

序号	先导问题	解答
1	工业建筑按用途应如何分类？	
2	工业建筑按层数应如何分类？	
3	什么是工业建筑的柱距？	
4	什么是工业建筑的跨度？	
5	工业建筑中横向定位轴线和纵向定位轴线的作用是什么？	

8.1 工业建筑的分类

8.1.1 按使用功能分类

1）主要生产厂房：在主要生产厂房中可以进行生产工艺流程的全部生产活动，一般包括从备料、加工到装配的全部过程。所谓生产工艺流程，是指产品从原材料到半成品再到成品的全过程，例如钢铁厂的烧结、焦化、炼铁、炼钢车间等。

2）辅助生产厂房：辅助生产厂房是指为主要生产厂房服务的厂房，例如机械修理、工具车间等。

3）动力用厂房：动力用厂房是指为主要生产厂房提供能源的场所，例如发电站、锅炉房、煤气站等。

4）储存用房屋：储存用房屋是指为生产提供存储原料、半成品、成品的仓库，例如炉料、油料、半成品、成品库房等。

5）运输用房屋：运输用房屋是指为生产或管理用的车辆提供存放与检修的房屋，例如汽车库、消防车库、电瓶车库等。

> 机械加工中心、行知C及羽毛球馆按使用用途分各属于哪类厂房？

_____

_____

_____

_____

8.1.2 按层数分类

1）单层厂房：单层厂房是指层数为一层的厂房，它主要用于重型机械制造工业、冶金工业等重工业。这类厂房的特点是生产设备体积大、重量大、厂房内以水平运输为主。

2）多层厂房：多层厂房常见的层数为2~6。其中，两层厂房广泛用于化纤工业、机械制造工业等；多层厂房多应用于电子工业、食品工业、化学工业、精密仪器工业等轻工业。这类厂房的特点是生产设备较轻、体积较小、工厂的大型机床一般放在底层，小型设备放在上层，厂房内部的垂直运输以电梯为主，水平运输以电瓶车为主。

3）混合层数厂房：混合层数厂房是指厂房由单层跨和多层跨组合而成，适用于竖向布置工艺流程的生产项目，多用于热电厂、化工厂等。高大的生产设备位于中间的单跨内，边跨为多层。

> 机械加工中心、行知C及羽毛球馆按层数分各属于哪类厂房？

_____

_____

8.1.3 按生产状况分类

1）冷加工车间：在常温状态下进行生产的车间，例如机械加工车间、金工车间等。

2）热加工车间：在高温和熔化状态下进行生产的车间，可能散发大量余热、烟雾、灰尘、有害气体等，例如铸工、锻工、热处理车间等。

3）恒温、恒湿车间：在恒温（20℃左右）、恒湿（相对湿度为50%～60%）条件下进行生产的车间，例如精密机械车间、纺织车间等。

4）洁净车间：洁净车间要求在保持高度洁净的条件下进行生产，防止大气中的灰尘及细菌对产品的污染，例如集成电路车间、精密仪器加工及装配车间等。

5）其他特种状况的车间：其他特种状况的车间是指生产过程中有爆炸可能性、有大量腐蚀物、有放射性散发物、防微振、防电磁波干扰等情况的车间。

> 机械加工中心、行知C及羽毛球馆按生产状况分各属于哪类厂房？

_____

_____

_____

8.2 定位轴线及柱网

单层厂房定位轴线是确定厂房主要承重构件的平面位置及其标志尺寸的基准线。分为横向定位轴线和纵向定位轴线。

1）横向定位轴线：厂房短轴方向的定位轴线称为横向定位轴线。

2）纵向定位轴线：厂房长轴方向的定位轴线称为纵向定位轴线。

3）柱网：柱子在平面上所形成的网格称为柱网，就像是纵、横相交而成的网格。

4）柱距：横向定位轴线之间的距离称为柱距。

5）跨度：纵向定位轴线之间的距离称为跨度。

画出行知C的柱网，并标出定位轴线、柱距及跨度。

8.3 厂房构造

单层厂房有墙承重与骨架承重两种结构类型。只有当厂房的跨度、高度、吊车荷载较小时，才采用墙承重结构体系；当厂房的跨度、高度、吊车荷载较大时，多采用骨架承重结构体系。

骨架承重结构体系是由柱子、屋架或屋面大梁等承重构件组成的。其结构体系可以分为刚架、排架及空间结构。其中以排架最为多见，因为其梁柱间为铰接，可以适应较大的吊车荷载。在骨架结构中，墙体一般不承重，只起围护或分隔空间的作用。

> 羽毛球馆、行知C、机械加工中心分别属于什么结构类型？

_____
_____
_____
_____

8.3.1 厂房建筑构件

一般的厂房结构包括：柱、牛腿、抗风柱、天窗、屋顶、大门、屋架梁、天车梁及地板等。

> 行知C的厂房建筑都由哪些构件组成？

_____
_____
_____
_____

8.3.2 天窗

在单层厂房屋顶上，为满足厂房天然采光和自然通风的要求，常设置各种形式的天窗。常见的天窗形式有矩形天窗、平天窗、下沉式天窗及锯齿形天窗等。

简述天窗的作用，并说明下图中行知C厂房结构的天窗属于哪种形式。

8.3.3 抗风柱

一般在厂房建筑山墙的内侧要设置抗风柱。

简述抗风柱的作用，并说明右图中行知C共有几根抗风柱，分别如何布置？

8.3.4 牛腿柱

牛腿柱分为单肢和双肢两种类型。

> 简述牛腿的作用，说明右图中行知C厂房建筑是否具有牛腿柱？并说明什么情况下用单肢柱，什么情况下用双肢柱？

_____
_____
_____
_____
_____
_____

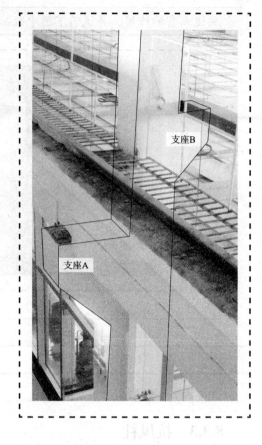

项目9 园林及古建筑

项目载体	世园会、曲江池公园	课时	6
		地点	西安
项目描述	通过现场参观世园会、曲江池公园并进行讲解,引导学生对照并分析各种古建筑的不同和相同之处、古建筑的分类、园林的组成,理解常见的古建筑类型以及其相应的构造和组成。		
序号	先导问题	解答	
1	一个园林中包含哪些类型的古建筑?		
2	从主要承重结构来看,古建筑主要的承重构件都有哪些?分别采用什么材料?		
3	古建筑的屋顶结构形式都有哪些种类?		
4	简述古建筑中斗拱的组成及斗拱的作用。		

9.1 园　　林

9.1.1 园林的概念及特点

在一定的地域里运用工程技术和艺术手段，通过改造地形（或进一步筑山、叠石、理水）、种植花草树木、营造建筑氛围和布置园路等途径创作而成的美丽的自然环境和游憩境域，称为园林。在中国汉族建筑中独树一帜，有重大成就的是古典园林建筑。古典园林建筑具有如下特点：

1）取材于自然，而又高于自然。园林以自然的山、水、地貌为基础，但不是简单的利用，而是有意识、有目的地加以加工改造，再现一个高度概括、提炼、典型化的自然景观。

2）追求与自然的完美结合，力求达到人与自然的高度和谐，即"天人合一"的理想境界。

3）高雅的文化意境。中式造园除了凭借山水、花草、建筑所构成的景观传达意境的信息外，还将中国特有的书法艺术形式，如匾额、楹联、碑刻艺术等融入造园之中，深化园林的意境。

> 列举一些你听过的园林。

9.1.2 园林古建筑分类

园林建筑是建造在园林和城市绿化地段内供人们游憩或观赏用的建筑物，常见的有亭、榭、廊、阁、轩、楼、台、舫、厅堂等建筑物。建造这些建筑物，主要起到在园林里造景，为游览者提供观景的视点和场所，以及提供休憩及活动的空间等作用。

亭（凉亭），是一种汉族传统建筑，源于周代。多建于路旁，供行人们休息、乘凉或观景用。亭一般为开敞性结构，没有围墙，顶部可分为六角、八角、圆形等多种形状。因为造型轻巧，选材不拘，布设灵活而被广泛应用在园林建筑之中。

榭，是中国园林建筑中依水架起的观景平台，平台一部分架在岸上，一部分伸入水中。榭四面敞开，平面形式比较自由，常与廊、台组合在一起。

廊，是指屋檐下的过道、房屋内的通道或独立有顶的通道，包括回廊和游廊，具有遮阳、防雨、小憩等功能。廊是建筑的组成部分，也是构成建筑外观特点和划分空间格局的重要手段。

阁，类似楼房的建筑物，供远眺、游憩、藏书和供佛使用，如滕王阁等。

轩，有窗的长廊或小屋，是以敞廊为特点的建筑物。

楼，"木"与"娄"联合起来表示"双层木屋"，是指超过一层的古建筑。

台，是指高而平的建筑物。

舫，是仿照船的造型，在园林的水面上建造起来的一种船型建筑物，舫的基本形式同真船相似，宽约丈余，一般分为舱头、中舱、尾舱三部分。舱头做成敞棚，供赏景用。中舱最矮，是主要的休息、宴饮的场所，舱的两侧开长窗，坐着观赏时可有宽广的视野。后部的尾舱最高，一般分为两层，下实上虚，上层形似楼阁，四面开窗以便远眺。舱顶一般做成船篷式样，首尾舱顶则为歇山式样，轻盈舒展，成为园林中的重要景观。

厅堂，在古代园林、宅第中，多具有小型公共建筑的性质，用以会客、宴请、观赏花木。因此，室内空间较大，门窗装饰考究，造型典雅、端庄，前后多为花木、叠石，使人置身厅堂内就能欣赏园林景色。

指出下列古建筑分别属于上述哪种类型。

9.2 古建筑

9.2.1 斗拱

斗拱，是汉族建筑中特有的构件，由方形的斗、升、拱、翘、昂组成，是较大建筑物的柱与屋顶间的过渡部分。其功用在于承受上部支出的屋檐，将其重量或直接集中到柱上，或间接地先纳至额枋上再转到柱上。一般情况下，凡是非常重要或带纪念性的建筑物，都有斗拱的安置。探出呈弓形的承重结构称为拱，拱与拱之间垫的方形木块称为斗，合称斗拱。

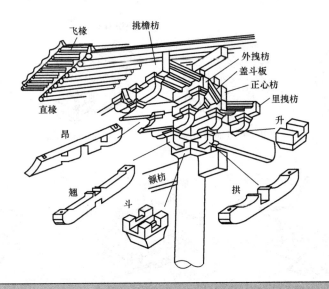

根据上图填写下图斗拱中各部分的名称。

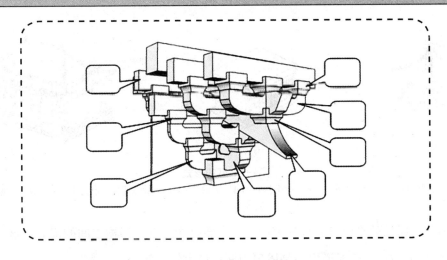

9.2.2 屋顶结构形式

中国古代建筑的屋顶对建筑立面起着非常重要的作用。远远伸出的屋檐、富有弹性的屋檐曲线、由举架形成的稍有反曲的屋面、微微起翘的屋角（仰视屋角，角椽展开犹如鸟翅，故称"翼角"）以及硬山顶、悬山顶、歇山顶、庑殿顶、攒尖顶、十字脊、盝顶、重檐等众多屋顶形式的变化，加上灿烂夺目的琉璃瓦，使建筑物产生独特而强烈的视觉效果和艺术感染力。通过对屋顶进行多种组合，又使建筑物的形体和轮廓线变得愈加丰富。如从高空俯视，屋顶效果更好，也就是说，中国建筑的"第五立面"是最具魅力的。

中国古代建筑屋顶不仅样式多，组成部分也有很多种，主要由屋面、屋脊等部分组成，而且有严格的等级制度。屋顶的形式如图9-1所示。

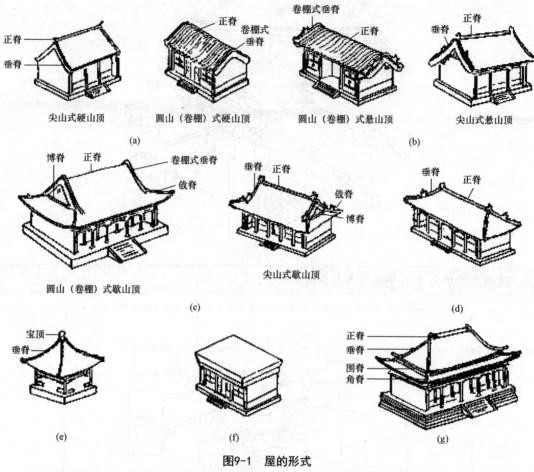

图9-1 屋的形式
（a）硬山顶；（b）悬山顶；（c）歇山顶；（d）庑殿顶；（e）攒尖顶；（f）平顶；（g）重檐顶

1）屋面：屋面就是建筑屋顶的表面，它主要是指屋脊与屋檐之间的部分，这一部分占据了屋顶的较大面积，或者说屋面是屋顶中面积最大的一部分。

2）剪边：剪边在我国古代的部分建筑中，其屋面近檐处往往会有与上部不一样的色彩，比如屋面大部分是绿色，屋檐处却是一道横的黄色带，这样的色带就称为"剪边"。它是因为屋面使用了不同颜色的铺瓦而产生的效果，丰富了屋面的色彩。

3）正脊：正脊是处于建筑屋顶最高处的一条脊，它是由屋顶前后两个斜坡相交而形成的屋脊。从建筑正立面看，正脊是一条横走向的线。一般来说，在一座建筑物的各条脊中，正脊是最大、最长、最凸出的一条脊，所以也称为"大脊"。

4）正脊装饰：正脊装饰在于我国古代的很多建筑中，特别是一些等级较高的建筑中，其屋顶正脊上往往设有特色装饰。除了常见的正脊两端的吻合正脊中心的宝顶外，在正脊的前、后两个立面上，还会雕饰塑花、草或龙等。

5）垂脊：在庑殿顶、悬山顶、硬山顶建筑中，除了正脊之外的屋脊都叫作"垂脊"。而在歇山顶建筑中，除了正脊和戗脊外的屋脊都叫作"垂脊"。垂脊都是沿着山面的博风板走势下垂。

6）戗脊：在歇山顶建筑中，垂脊的下方从博风板尾处开始至套兽间的脊，叫作"戗脊"。

7）出檐：在带有屋檐的建筑中，屋檐伸出梁架之外的部分，叫作"出檐"。

8）套兽：在建筑屋檐的下檐端，有一个凸出的兽头，套在角梁套兽榫上，防止梁头被雨水侵蚀，这个兽头就称为"套兽"。

中国古建筑屋顶的形式如下：

1）庑殿式屋顶是四面斜坡，有一条正脊和四条斜脊，且四个面都是曲面，又称"四阿顶"。

2）硬山式屋顶有一条正脊和四条垂脊。这种屋顶造型的最大特点是比较简单、朴素，只有前后两面坡，而且屋顶在山墙墙头处与山墙齐平，没有伸出部分，山面裸露没有变化。

3）歇山顶的等级仅次于庑殿顶。它由一条正脊、四条垂脊和四条戗脊组成，故又称"九脊殿"。其特点是把庑殿式屋顶两侧侧面的上半部分突然直立起来，形成一个悬山式的墙面。

4）悬山顶是两坡顶的一种。其特点是屋檐悬伸在山墙以外，屋面上有一条正脊和四条斜脊，又称"挑山"或"出山"。

5）攒尖顶的特点是无正脊，只有垂脊，只应用于面积不大的楼、阁、亭、塔等，平面多为正多边形及圆形，顶部有宝顶。根据脊数的多少，其分为三角攒尖顶、四角攒尖顶、六角攒尖顶、八角攒尖顶。此外，还有圆角攒尖顶，也就是无垂脊。

6）盝顶是一种较特别的屋顶，屋顶上部为平顶，下部为四面坡或多面坡，垂脊上端为横坡，横脊数目与坡数相同，横脊首尾相连，又称圈脊。

7）卷棚顶又称元宝脊，屋面双坡相交处无明显正脊，而是做成弧形曲面。多用于园林建筑中，如颐和园中的谐趣园，其屋顶的形式全部为卷棚顶。在宫殿建筑中，太监、佣人等居住的边房，多为此顶。

指出下列古建筑的屋顶分别属于上述哪种类型。

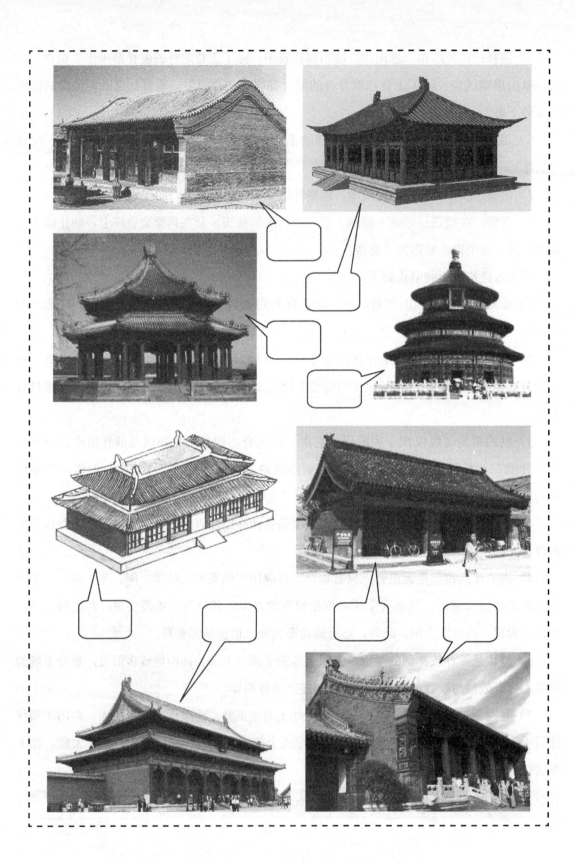

项目10　建筑外部总体

项目载体	校内各建筑物	学时	6
		地点	校园
项目描述	通过参观、讲解校内主要建筑的外部围护结构及立面、屋面、门厅等部位的处理方式，引导学生分析建筑外部形象设计特点及常见的处理手法，了解建筑外部装修的方法。了解建筑物与建筑物之间的关系处理。		
序号	先导问题	解答	
1	建筑物室外地坪为什么要低于室内地坪？		
2	常见的室外立面装修的方法有哪些？		
3	常见的室外地面装修的方法有哪些？		
4	建筑物屋面为何要做成有坡度的？		

10.1 室外台阶与坡道

由于建筑物室内外存在高差,一般在建筑物的出入口处设置台阶或坡道。一般多采用台阶,当有车辆出入或高差较小时,可采用坡道的形式,如图10-1所示。

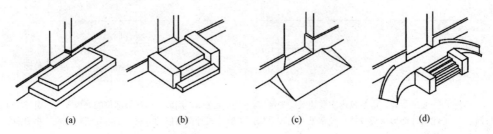

图10-1 台阶与坡道的形式
(a)三面踏步式;(b)单面踏步式;(c)坡道式;(d)踏步坡道结合式

10.1.1 室外台阶

台阶的平面形式较多,有单面踏步、两面踏步、三面踏步、单面带花池踏步(花台)等。

台阶构造与地面构造基本相同,由基层、垫层和面层等组成。基层一般用素土、三合土或灰土夯实;垫层采用C10素混凝土即可;面层则应采用水泥砂浆、混凝土、水磨石、缸砖、天然石材等耐气候作用的材料。

10.1.2 室外坡道

坡道按其用途的不同,可以分成行车坡道和轮椅坡道两类。

考虑到人在坡道上行走时的安全,坡道的坡度受面层做法的限制:光滑面层坡道的坡度不大于1:12,粗糙面层坡道的坡度不大于1:6,带防滑齿的坡道不大于1:4。

常见的坡道材料有混凝土或石块等,面层以水泥砂浆居多,对经常处于潮湿环境中、坡度较陡或采用水磨石做面层的坡道,其表面应做防滑处理。

> 室内地坪与室外地坪的高差一般为多少?

> 校内建筑都有哪些采用室外台阶？哪些采用坡道？哪些采用混合方式？

10.2 建筑立面装饰

10.2.1 抹灰工程

1. 一般抹灰

一般抹灰按使用要求、质量标准和操作工序的不同，分为普通抹灰和高级抹灰两种。抹灰按顺序分为底层、中层和面层。

底层的作用是使抹灰层能与基层牢固结合，并对基层进行初步找平；中层主要起找平作用；面层主要起装饰作用。

抹灰层总厚度为15～20 mm，最厚不得超过25 mm。

2. 装饰抹灰

装饰抹灰的种类有很多，但底层的做法基本相同（均为1:3水泥砂浆打底），仅面层的做法不同。

装饰抹灰根据面层做法的不同主要分为：水刷石、水磨石、剁斧石、干粘石、拉毛灰和洒毛灰、喷涂饰面、滚涂饰面和弹涂饰面。

> 判断下面几种装饰抹灰的名称。

A. _____

B. _____

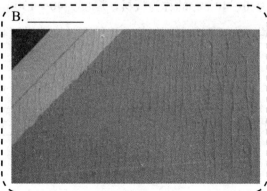

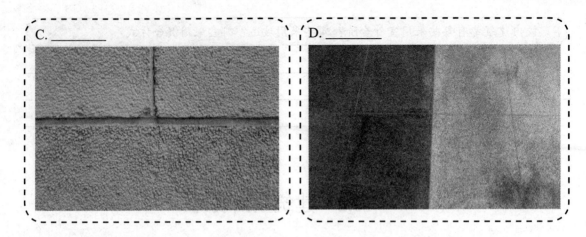

10.2.2 饰面板（砖）工程

饰面板（砖）工程，就是将预制的饰面板（砖）铺贴或安装在基层上的一种装饰方法。饰面板（砖）的种类繁多，常用的有天然石饰面板、人造石饰面板、金属饰面板、塑料饰面板、有色有机玻璃饰面板、饰面混凝土墙板和饰面砖（如瓷砖、面砖、陶瓷锦砖）等。

饰面板（砖）的做法具体如下：

（1）面砖饰面

面砖应先放入水中浸泡，安装前取出晾干或擦干净，安装时先抹15 mm厚1∶3的水泥砂浆找平并划毛，再用水泥石灰混合砂浆刮满10 mm厚于面砖背面紧粘在墙上。

（2）陶瓷锦砖饰面

陶瓷锦砖也称马赛克。铺贴时先按设计的图案将小块材正面向下贴在牛皮纸上，然后牛皮纸面向外，将马赛克贴于饰面基层上，待半凝后将纸洗掉，同时修整饰面。

（3）石材饰面

石材饰面有天然石材饰面和人造石材饰面两种。石材按其厚度分为两种，通常将厚度为30～40 mm的称为板材，厚度为40～130 mm以上的称为块材。常见天然石材饰面有花岗岩、大理石和青石板等，天然石材饰面强度高、耐久性好，多作为高级装饰使用。

（4）石材干挂

在墙体上先打孔安装龙骨，再将已打好孔的石材用螺栓固定在龙骨上。

判断下面几种饰面板（砖）的名称。

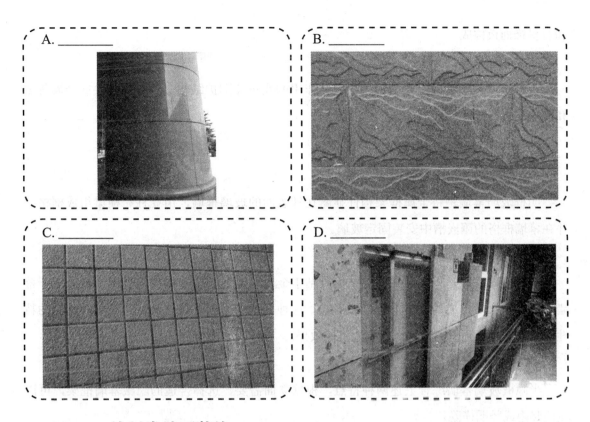

10.2.3 涂料类墙面装饰

涂料指喷涂、刷于基层表面后，能与基层形成完整而牢固的保护膜的涂层饰面装修。涂料按其主要成膜物的不同，可以分为有机涂料和无机涂料两大类。

常用的无机涂料有石灰浆、大白浆、可赛银浆、无机高分子涂料等。

有机合成涂料依其主要成膜物质和稀释剂的不同，可以分为溶剂型涂料、水溶性涂料和乳液型涂料三种。

10.2.4 裱糊类墙面装修

裱糊类墙面装修是将各种装饰性墙纸、墙布、织锦等材料裱糊在内墙面上的一种装修饰面。墙纸的种类很多，目前国内使用最多的是塑料墙纸和玻璃纤维布等。

10.2.5 玻璃幕墙

1. 按照幕墙材料的不同分类

（1）金属幕墙

金属幕墙是不承担主体结构的荷载与作用的建筑外围护结构，由金属构架和金属板构成。

（2）石材幕墙

石材幕墙是不承担主体结构的荷载与作用的建筑外围护结构，由金属挂件或金属骨架和石材饰面板构成。

（3）玻璃幕墙

玻璃幕墙是不承担主体结构的荷载与作用的建筑外围护结构，由金属挂件或金属骨架和玻璃面板构成。

2．按照组合方式和构造做法不同分类

（1）明框玻璃幕墙

明框玻璃幕墙是将金属框架构件显露在外表面的玻璃幕墙，由立柱、横梁组成框格，并在幕墙框格的镶嵌槽中安装固定玻璃。

（2）隐框玻璃幕墙

隐框玻璃幕墙是将玻璃用硅酮结构胶粘于金属附框上，以连接件将金属附框固定于幕墙立柱和横梁所形成的框格上的幕墙形式。这种幕墙均采用镀膜玻璃，具有单向透光的特性，从外侧看不到框料，从而达到隐框的效果。

（3）半隐框玻璃幕墙

半隐框玻璃幕墙综合上述两种特点，根据立面需要，选择合适的隐藏幕墙框架，可以横明竖隐或竖明横隐。

（4）全玻璃幕墙

全玻璃幕墙是由玻璃板和玻璃肋制作的玻璃幕墙，适用于大型公共建筑，它透明轻盈、空间渗透性强，其支撑系统分为悬挂式、支撑式和混合式三种。

（5）点式玻璃幕墙

点式玻璃幕墙是用金属骨架或玻璃肋做支撑受力体系，在其上安装连接板或钢爪，再用螺栓连接四角开圆孔的玻璃于连接板或钢爪上的幕墙形式。

判断以下几个建筑物的幕墙形式。

A. _____
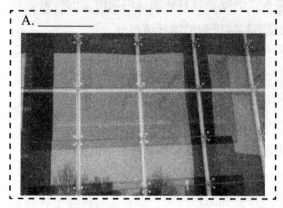

B. _____

10.2.6 清水墙

清水墙在砖墙外墙面砌成后,只需要勾缝,即成为成品,不需要外墙面装饰,砌砖质量要求高,灰浆饱满,砖缝规范美观。相对混水墙而言,其外观质量要求很高,而强度要求则是一样的。

清水墙施工的最后一道工序为勾缝,勾缝的类型有:平缝、凸缝、凹缝和斜缝。

> 判断下图墙面装饰方式是否为清水墙,并写出其勾缝的形式。

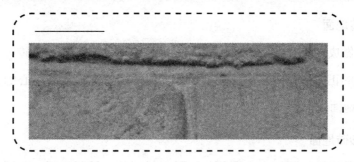

勾缝形式:_____

10.3 室外地面装饰

10.3.1 整体地面

1. 水泥砂浆地面

水泥砂浆地面构造简单、坚固耐用、防潮防水、价格低廉，但蓄热系数大，气温低时人体感觉不适，易产生凝结水，表面易起尘。

2. 水磨石地面

水磨石地面是在水泥砂浆找平层上面铺水泥白石子，面层达到一定强度后加水用磨石机磨光、打蜡而成。为了适应地面变形，防止开裂，在做法上要注意的是在做好找平层后，用玻璃、铜条、铝条将地面分隔成若干小块（1 000 mm×1 000 mm）或不同图案，然后用水泥砂浆将嵌条固定，固定用的水泥砂浆不宜过高，以免嵌条两侧仅有水泥而无石子，影响美观。也可以用白水泥替代普通水泥，并掺入颜料，形成美术水磨石地面，但造价较高。水磨石地面具有耐磨、耐久、防水、防火、表面光洁、不起尘、易清洁等优点。

3. 水泥石屑地面

水泥石屑地面是以石屑替代砂的一种水泥地面，这种地面近似于水磨石，表面光洁、不易起尘、易清洁，造价低于水磨石地面。其做法分为一层做法和两层做法。一层做法直接在垫层或结构层上提浆抹光；两层做法是增加一层找平层。

10.3.2 块料地面

1. 水泥花砖地面

水泥花砖可做成多种样式及颜色，具有很好的装饰效果。按普通砖大小制成的水泥花砖以及带有花纹的正方形花砖多用作人行道牙上的地面装饰；带有空心的正方形花砖多用于室外停车场的地面装饰。

2. 蒸压灰砂砖地面

蒸压灰砂砖是以砂、石灰为主要原料，经坯料制备，压制成型、蒸压养护而成的实心砖，简称灰砂砖，它是普通烧结砖的替代物，在建筑中已被广泛使用。

2. 普通烧结砖地面

采普通烧结砖地面做室外地面装饰时,可进行人字形拼接,具有较好的装饰效果。

3. 大理石及花岗岩地面

采用大理石及花岗岩板材做地面装饰,常用在面积较大的门厅以及建筑物相互连接处,具有美观、大气的装饰效果。

> 请写出下列校园室外地面装饰的类型。

A. 崇文南楼门厅＿＿＿＿＿＿＿＿＿＿＿＿＿＿＿＿＿＿＿＿＿＿＿＿＿＿＿＿

B. 图书馆北侧旱冰场＿＿＿＿＿＿＿＿＿＿＿＿＿＿＿＿＿＿＿＿＿＿＿＿＿

C. 图书馆台阶前的广场＿＿＿＿＿＿＿＿＿＿＿＿＿＿＿＿＿＿＿＿＿＿＿＿

> 判断下面几张照片中哪一个为水泥花砖地面装饰。

A.

B.

C.

水泥花砖地面＿＿＿＿＿＿＿＿＿＿

10.4 排水

10.4.1 平屋面排水

1. 平屋面的找坡形式

1) 材料找坡;

2) 结构找坡。

> 根据你的理解简述两种找坡形式的做法。

材料找坡: _____

_____

结构找坡: _____

_____

2. 平屋面的排水方式

（1）无组织排水

无组织排水是指屋面雨水直接从檐口滴落至地面的一种排水方式，因为不用天沟、落水管等导流雨水，故又称为自由落水。

（2）有组织排水

有组织排水是指雨水经由天沟、落水管等排水装置被引导至地面或地下管沟的一种排水方式，在建筑工程中应用较多。

根据有组织排水的组织方式，有组织排水又可分为有组织内排水和有组织外排水。

> 根据你的理解简述无组织排水的适用条件。

_____

_____

> 根据你的理解简述有组织排水的落水管数量和哪些因素有关。

_____

_____

10.4.2 坡屋顶排水

坡屋顶的排水方式一般可分为无组织外排水、檐沟外排水和女儿墙外排水。

10.4.3 外墙周围的排水处理

为了防止雨水及室外地面水浸入墙体和基础，沿建筑物四周勒脚与室外地坪相接处设排水沟（明沟、暗沟）或散水，使其附近的地面积水迅速排走。

1．排水沟

排水沟为有组织排水，可用砖砌、石砌和混凝土浇筑。沟底应设微坡，坡度为0.5%~1%，使雨水流向窨井。若用砖砌明沟，应根据砖的尺寸来砌筑，槽内需用水泥砂浆抹面。

2．散水

散水是无组织排水，散水的宽度应比屋檐挑出的宽度大150 mm以上，一般为700~1 500 mm，并设置向外不小于3%的排水坡度。散水的外延应设滴水砖（石）带，散水与外墙交接处应设分隔缝，并以弹性材料嵌缝，以防墙体下沉时散水与墙体裂开，起不到防潮、防水的作用。

> 试绘出散水的做法。

散水的做法

10.5 阳台与雨篷

10.5.1 阳台

1. 阳台的类型

阳台按其与建筑物外墙的关系可分为：凸阳台（挑阳台）、凹阳台、半凹半凸阳台和转角阳台。如图10-1所示。

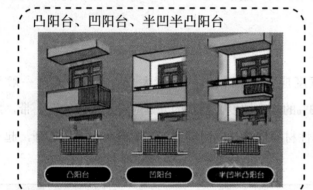 

图10-1 阳台的类型

> 找出学校中哪些建筑是凹阳台、哪些是凸阳台、哪些是转角阳台？

A. 凹阳台：_____

B. 凸阳台：_____

C. 转角阳台：_____

2. 阳台的组成

阳台由承重结构（梁、板）和围护结构（栏杆或栏板）组成。

3. 阳台的要求

1）安全、坚固：阳台挑出部分的承重结构均为悬臂结构，所以阳台挑出长度应满足结构抗倾覆的要求，以保证结构安全。阳台栏杆、扶手构造应坚固、耐久，高度不得低于1.0 m。

2）适用、美观：阳台挑出长度应根据使用要求确定，不能大于结构允许的出挑长度，阳台地面要低于室内地面一砖厚，即60 mm，以免雨水倒流入室内，并做排水设施。封闭式阳台可不作此考虑。阳台造型应满足立面要求。

10.5.2 雨篷

雨篷多设在房屋出入口的上部，起遮挡风雨、太阳照射、保护大门、使入口更显眼和丰富建筑立面等作用。雨篷的形式多种多样，应根据建筑的风格、当地的气候状况选择而定。雨篷的受力作用与阳台相似，为悬臂结构或悬吊结构，只承受雪荷载与自重。钢筋混凝土雨篷有采用过梁悬挑板式，也有采用墙柱支撑的。悬挑板式雨篷的过梁与板面不在同一标高上，梁面必须高出板面至少一砖，以防雨水渗入室内。板面需做防水处理，并在靠墙处做泛水处理。目前很多建筑中采用轻型材料雨篷的形式，这种雨篷美观轻盈，造型丰富，体现出了现代建筑技术的特色。

判断崇明楼雨篷的类型、材料及其做法。

崇明楼雨篷

类型：_____
材料：_____
做法：_____
_____
_____
_____
_____

10.6 建筑物距离

建筑物距离的确定，主要考虑以下因素：

1）房屋的室外使用要求，如行人、车辆通行的道路，房屋之间的噪声、视线干扰等。

2）日照、通风等卫生要求。

3）防火安全要求（应符合《建筑设计防火规范》的规定）。

4）建筑观瞻、室外活动空间及绿化用地的要求。

5）建筑施工的要求。

6）节约用地的要求。

对于住宅、宿舍等成排布置的建筑，日照要求通常是确定房屋距离的主要因素。因为在一般情况下，只要室外庭院所需的空间满足了日照距离的要求，其他要求就基本能得到满足。日照距离应满足使后排房屋在底层窗台高度以上部分，冬季能有一定日照时间的要求。通常计算时，以当地冬至日（12月22日左右）正午12时的高度角作为确定房屋日照距离的依据。

请在下面画出，当建筑物朝向正南时日照距离的示意图，并写出计算公式。

日照距离

计算公式：_____

_____

_____

家属楼朝向均为正南，若朝向正南无法满足日照距离时该如何处理？

处理方法：_____

_____

_____

_____

项目11　建筑认知实务总结

项目载体	建筑认知实务	学时	6
		地点	校内教室
项目描述	认知实务结束前,学生应根据项目2到项目10所学习的知识对本次实务进行总结,总结应从实务学到的内容和实务的心得体会两个方面进行。实务老师应该根据学生在每个项目中的表现给予项目成绩,并最终给出总评成绩。		
	认知实务总结报告		
本次实训内容总结	项目2		
	项目3		
	项目4		
	项目5		
	项目6		
	项目7		
	项目8		
	项目9		
	项目10		
实务心得			

参 考 文 献

[1] 武强. 房屋建筑构造[M]. 北京：北京理工大学出版社，2016.
[2] 马立杰. 房屋建筑学[M]. 广州：华南理工大学出版社，2014.
[3] 杭有声. 建筑施工技术[M]. 2版. 北京：高等教育出版社，2005.